George Oguntala

Análise de Vibrações de Viga Laminada Ortotrópica

George Oguntala

Análise de Vibrações de Viga Laminada Ortotrópica

ScienciaScripts

ÍNDICE DE CONTEÚDOS:

Dedicação

Este trabalho é dedicado ao Deus Todo-Poderoso Jeová.

Agradecimentos

Antes de mais, exprimo a minha inestimável gratidão a Deus Todo-Poderoso pelo conhecimento e pela ideia que me deu para destilar o conceito deste trabalho de investigação.

A minha gratidão vai para o meu supervisor, Dr. Charles. A. Osheku, pelos seus conselhos, críticas construtivas e revisão útil ao longo da duração deste trabalho. As ideias e o apoio e assistência incessantes recebidos de amigos para a conclusão bem sucedida desta investigação são muito apreciados.

Gostaria de agradecer a todos os membros do pessoal do Departamento de Engenharia de Sistemas pelo seu apoio moral e por tornarem o ambiente propício ao trabalho de investigação. A inspiração e as ideias recebidas de amigos e simpatizantes são apreciadas com gratidão.

Resumo

Com o crescente avanço no domínio aeroespacial, a laminação de materiais foi identificada como uma abordagem eficaz para reduzir as vibrações e o ruído. Isto deve-se à função de amortecimento eficaz introduzida por estes materiais laminados. Assim, nesta tese, é investigada a análise da vibração de uma viga ortotrópica laminada.

Capítulo 1

Introdução

1.0 Antecedentes do estudo

As últimas três décadas registaram um aumento significativo na utilização de materiais laminados em muitos projectos de engenharia. O efeito do crescimento notável na aplicação de materiais laminados resultou invariavelmente numa investigação intensa, sendo que o estudo do comportamento dinâmico de vigas laminadas está a ser recebido em muitas obras de engenharia. No domínio da dinâmica das estruturas mecânicas, os materiais laminados são amplamente utilizados para reduzir as vibrações e o ruído, por exemplo, na indústria aeroespacial. De facto, este tipo de material pode introduzir uma função de amortecimento eficaz. As propriedades de amortecimento são caracterizadas por duas grandezas modais: a frequência e o fator de perda. Este comportamento ressonante e ligeiramente amortecido pode causar fadiga real de alto ciclo e falha de componentes críticos ou simplesmente resultar na presença de vibração indesejada ou ruído irradiado detectado pelo consumidor. Um método de solução consiste em aumentar o nível de amortecimento destes componentes de chapa metálica, fabricando-os a partir de material laminado amortecido em vez de chapa metálica simples.

O material metálico laminado oferece uma abordagem eficaz para aumentar o nível inerente de amortecimento em componentes de chapa metálica. Para ajudar o projetista do produto a determinar a utilização adequada do material metálico laminado em vez da chapa metálica tradicional, estão disponíveis várias técnicas práticas de modelação que podem ser utilizadas como previsão do amortecimento e como ferramenta de otimização do projeto.

A maioria dos materiais laminados oferece uma elevada flexibilidade de conceção, uma vez que a espessura e o tipo de núcleo de amortecimento com as camadas de restrição podem ser alterados para otimizar a eficiência do produto metálico laminado. Além disso, partindo do princípio de que os materiais de engenharia actuais são isotrópicos, o que parece ser apenas um exercício teórico, mas que nunca tem interesse prático. Torna-se, portanto, imperativo considerar a resposta dinâmica de vigas ortotrópicas.

1.1 Declaração do problema e objectivos da investigação

O objetivo do trabalho é analisar a vibração do material ortotrópico laminado utilizado na viga. Uma vez que a modelação desempenha um papel crucial no controlo e otimização das aplicações de engenharia, fornecendo meios para uma melhor compreensão dos fenómenos envolvidos e melhorando a capacidade de prever a resposta dinâmica. Assim, o objetivo final deste projeto é desenvolver modelos matemáticos para a vibração de vigas ortotrópicas laminadas e também para analisar a resposta dinâmica da viga.

1.2   Justificação do estudo

O material metálico laminado oferece um método eficaz para aumentar o nível inerente de amortecimento em componentes de chapa metálica. Para ajudar o engenheiro de produto a determinar a seleção adequada do material metálico laminado em vez da chapa metálica tradicional, estão disponíveis várias técnicas práticas de modelação que podem ser utilizadas como ferramenta de previsão do amortecimento e de otimização do projeto. Esta complexidade oferece maior flexibilidade de conceção, uma vez que a espessura e o tipo do núcleo de amortecimento, bem como as camadas de restrição, podem ser alterados para otimizar a eficácia do produto de metal laminado. Assumir que os materiais de engenharia actuais são isotrópicos parece ser apenas um exercício teórico que nunca favorecerá o interesse prático. Por conseguinte, é de grande importância considerar a resposta dinâmica de vigas ortotrópicas limitadas

Além disso, como foi referido, a modelação desempenha um papel crucial no controlo e otimização de aplicações de engenharia, fornecendo meios para uma melhor compreensão dos fenómenos envolvidos e melhorando a capacidade de prever a resposta dinâmica. A conceção óptima de tais sistemas de controlo de vibrações requer uma modelação precisa, especialmente no que diz respeito ao comportamento dinâmico autotrófico da viga laminada.

1.3   Âmbito de aplicação e limitações

O âmbito deste estudo abrange a análise da resposta dinâmica de uma viga laminada autotrófica. Para que os modelos matemáticos desenvolvidos sejam matematicamente tratáveis, foram feitas várias hipóteses que, consequentemente, limitam as soluções totais da viga.

Capítulo 2

Revisão da literatura

Nas duas últimas décadas, tem sido dada uma atenção considerável ao desenvolvimento de elementos de vigas laminadas. Anteriormente, foi desenvolvido e formulado um elemento de 12 d para vigas laminadas simétricas determinísticas para estudar os seus comportamentos estático e dinâmico (Chen e Yang, 1985). Mais tarde, foi desenvolvido um elemento de 20 d (elemento Kapania-Raciti) para estudar a estática, a vibração livre, a encurvadura e a análise vibracional não linear de vigas laminadas assimetricamente (Kapania e Raciti, 1989a). Kapania e Raciti (1989b, 1989c) fizeram uma extensa revisão da literatura sobre vigas e placas laminadas que existia antes de 1989. No entanto, nenhum elemento de viga derivado disponível antes ou depois de 1989 tem todas as seguintes caraterísticas num único elemento, utilizando a integração simbólica, os três deslocamentos (axial, transversal e lateral), efeitos de torção e empenamento, rotação no plano e efeitos de corte. Bassiouni et al. (1999) utilizaram um modelo de elementos finitos para obter as frequências naturais e as formas próprias de vigas compósitas laminadas. O elemento finito era constituído por cinco nós: os dois pontos finais, um a um terço, um a dois terços e o ponto médio.

As componentes do deslocamento são o deslocamento lateral, o deslocamento axial e o deslocamento rotacional. São apresentadas soluções de forma fechada para as matrizes de rigidez e de massa. Embora se trate de um elemento de viga completo, não considera o corte no plano, as deformações de corte, as deformações transversais e os efeitos de torção.

2.1 Vibração de uma viga isotrópica

Para estudar a vibração livre de uma viga isotrópica com uma delaminação transversal, Wang et al. apresentaram uma solução analítica tratando a viga delaminada como quatro vigas de Euler-Bernoulli unidas. Aplicando condições de fronteira e de continuidade adequadas, a resposta da viga pode ser obtida. No entanto, os modos de vibração são fisicamente inadmissíveis para as delaminações fora do plano médio, uma vez que se partiu do princípio de que as camadas delaminadas se deformam "livremente" sem se tocarem, pelo que têm deformações transversais diferentes ("modo livre"). Mujumdar e Suryanarayan propuseram então um modelo baseado no pressuposto de que as camadas delaminadas são "constrangidas" a ter deformações transversais idênticas ("modo constrangido"). A abordagem do "modo restrito" foi alargada por Shu e Fan a uma viga bimaterial e por Hu e Hwu a uma viga sanduíche, de modo a incluir os efeitos da inércia rotativa e da deformação transversal de corte. Tracy e Pardoen propuseram uma abordagem semelhante de "modo limitado" para uma viga composta. Valoor e Chandrashekhara alargaram este modelo a compósitos espessos para incluir os efeitos da deformação transversal ao corte e da inércia rotacional. Além disso, o efeito de Poisson foi incluído devido à sua importância na análise de vigas laminadas com camadas angulares. No entanto, a análise do "modo restrito" não conseguiu prever a abertura nas formas próprias encontradas nas experiências de Shen e Grady. Para simular o comportamento "aberto" e "fechado" entre as superfícies delaminadas, Luo e Hanagud apresentaram um modelo analítico baseado na teoria de vigas de Timoshenko, que utiliza molas lineares por partes. A rigidez da mola é então definida como sendo igual a zero (O) para o "modo livre" e infinito (∞) para o "modo limitado". Saravanos e Hopkins desenvolveram uma solução analítica para prever as frequências naturais, as formas próprias e o amortecimento modal de uma viga compósita delaminada com base numa teoria geral dos laminados que envolve hipóteses cinemáticas que representam as descontinuidades no plano e através da espessura. Chakraborty et al. apresentaram um método de elementos finitos para estudar a vibração livre de vigas compósitas assimétricas delaminadas, utilizando elementos deformáveis de cisalhamento de primeira ordem, livres de bloqueio refinado.

Os estudos acima referidos referem-se a placas de vigas unidimensionais com uma única delaminação. As placas bidimensionais com uma única delaminação foram investigadas numericamente. Zak et al apresentaram um método de elementos finitos utilizando a teoria da deformação de corte de primeira ordem. Modelaram a região delaminada utilizando condições de fronteira adicionais nas frentes de delaminação. Os métodos de elementos finitos que utilizam a teoria da deformação de ordem superior foram apresentados por Chattopadhyay et al, Radu e Chattopadhyay e Hu et al. Além disso, o estudo de delaminações múltiplas foi estudado por vários investigadores. Shu apresentou uma solução analítica para estudar uma viga sanduíche com delaminações duplas. O seu estudo salientou a influência do modo de contacto, "livre" e "limitado", entre as camadas delaminadas e as deformações locais nas frentes de delaminação. Lestari e Hanagud estudaram uma viga mista com múltiplas delaminações utilizando a teoria de vigas de Euler-Bernoulli com molas lineares por partes para simular o comportamento "aberto" e "fechado" entre as superfícies delaminadas. Lee et al. [18] estudaram uma viga mista com delaminações múltiplas laterais e longitudinais arbitrárias utilizando a análise de "modo livre" e assumindo uma curvatura constante na ponta da delaminação múltipla. Shu e Della utilizaram as análises de "modo livre" e de "modo restrito" para estudar uma viga mista com duas delaminações sobrepostas e duas delaminações não sobrepostas. O seu estudo salientou a influência de uma segunda delaminação curta na frequência natural e na forma própria da viga delaminada. As análises de elementos finitos foram apresentadas por Ju et al. utilizando a teoria de vigas de Timoshenko e por Lee utilizando a teoria layerwise. Patel *et al.* investigaram a vibração de flexão livre não linear/análise pós-flecha de vigas ortotrópicas laminadas/colunas numa fundação elástica de dois parâmetros (Pasternak). Utilizaram as relações de Von-Karman entre a tensão e o deslocamento e a formulação consistiu nos efeitos da deformação de corte e da inércia rotacional. Thambiratnam e Zhu implementaram o método dos elementos finitos para estudar a análise de vibrações livres de vigas isotrópicas com uma secção transversal uniforme numa fundação elástica utilizando a teoria de vigas de Euler-Bernoulli. Banerjee investigou a vibração livre de vigas compostas de Timoshenko axialmente laminadas utilizando o método da matriz de rigidez dinâmica. Yuan e Miller estudaram a análise estática de LCBs com secção transversal uniforme utilizando o método dos elementos finitos, respetivamente.

Krishnaswamy *et al* estudaram a vibração livre de LCBs incluindo os efeitos do corte transversal e da inércia rotativa. As soluções analíticas são obtidas pelo método dos multiplicadores de Lagrange. Chandrashekhar *et al* apresentaram soluções exactas para a vibração de LCBs simétricos. A deformação de corte de primeira ordem e a inércia rotativa foram incluídas, mas o efeito de Poisson foi negligenciado. Subramanian investigou a análise de vibração livre de LCBs utilizando dois deslocamentos de ordem superior com base em teorias de deformação de cisalhamento e elementos finitos. Em Yuan, é analisada a análise de vibrações livres de um LCB sobre uma fundação de Pasternak. O modelo é concebido de forma a poder ser utilizado para a secção transversal com um único degrau. Os elementos finitos baseados na FSDT são um desafio porque acrescentam graus de liberdade adicionais ao problema. No entanto, alguns investigadores desenvolveram esses elementos. Koo e Kwak (1994) propuseram um elemento finito adequado para a análise de pórticos compósitos com base na teoria da deformação de corte de primeira ordem. A deformação é interpolada separadamente para flexão e cisalhamento com funções cúbicas e lineares, respetivamente. Carrera e Villani (1994) trataram da análise não linear de placas multicamadas axialmente comprimidas em casos estáticos conservadores. Uma formulação para a matriz de rigidez dinâmica exacta para vigas laminadas simétricas e assimétricas foi derivada utilizando as funções de forma exactas para a deflexão e a inclinação à flexão de elementos de vigas laminadas compostas (Abramovich et al., 1995; Eisenberger et al., 1995). A formulação é baseada na FSDT e inclui efeitos de inércia rotacional desenvolvidos por Abramovich (1992).

Alguns investigadores analisaram vigas laminadas utilizando a solução de espaço de estados. Teboub e Hajela (1995) estudaram as vibrações livres de vigas compósitas laminadas anisotrópicas utilizando o FSDT, incluindo inércias no plano e rotacionais, utilizando uma solução de espaço de estados em vez do método dos elementos finitos. Posteriormente, Khdeir e Reddy (1997) utilizaram o conceito de espaço de estados em conjunto com a forma canónica de Jordan para resolver as equações que regem a flexão de vigas laminadas com camadas cruzadas. Utilizaram teorias clássicas, de segunda ordem e de terceira ordem para desenvolver soluções exactas para vigas laminadas com camadas cruzadas simétricas e assimétricas. A solução baseia-se principalmente nas teorias anteriormente utilizadas para investigar a vibração e a análise de encurvadura de vigas laminadas com camadas cruzadas (Khdeir e Reddy, 1994; Khdeir, 1996).

Outros investigadores centraram-se na derivação de elementos de viga para compósitos laminados utilizando teorias de deformação de corte de ordem superior (HSDT). Manjunatha e Kant (1993) desenvolveram um conjunto de teorias de ordem superior para a análise de vigas compósitas e sandwich utilizando elementos finitos CO. Ao incorporar uma variação de deslocamento não linear mais realista através da espessura da viga, eliminaram a necessidade de coeficientes de correção do corte. Kam e Chang (1992) estudaram o comportamento à flexão e à vibração livre de vigas compósitas laminadas utilizando FSDT e HSDT. Shi et al. (1998) investigaram a influência da ordem de interpolação da deformação de flexão do elemento na exatidão da solução de elementos de vigas compósitas derivadas utilizando HSDT e apresentaram um elemento de viga compósita de terceira ordem simples e exato. Estes autores concluíram que a expressão da deformação que dá a ordem mais elevada de interpolação da deformação de flexão deve ser escolhida para a modelação por elementos finitos de vigas compósitas com base na HSDT. No entanto, Kadivar e Mohebpour (1998) estudaram a resposta dinâmica por elementos finitos de uma viga mista laminada assimetricamente sujeita a cargas móveis. O elemento finito unidimensional é derivado com base na teoria clássica da laminação, na teoria da deformação de corte de primeira ordem e na teoria da deformação de corte de ordem superior. Subramanian (2OO1) desenvolveu um elemento finito C1 de dois nós com oito graus de liberdade por nó, utilizando um HSDT, para análise de flexão de vigas compósitas laminadas simétricas. Lam e Zou (2OO1) desenvolveram uma tira finita deformável por cisalhamento de ordem superior para a análise de laminados compósitos. A formulação permite a continuidade CO com nove variáveis e pode ser utilizada para analisar placas laminadas simétricas e não simétricas. Yildirim e Kiran (2OOO) estudaram o problema de vibração livre fora do plano de vigas laminadas cruzadas simétricas pelo método da matriz de transferência. A formulação é baseada na teoria de deformação de cisalhamento de primeira ordem. Na sua formulação, é possível isolar os efeitos da inércia rotacional, do corte transversal e das deformações axiais para estudar a sua influência nas frequências naturais. Num trabalho posterior, Yildirim (2000) utilizou o método da rigidez para a solução do problema de vibração livre puramente no plano de vigas laminadas transversais simétricas. No primeiro, foram definidos seis graus de liberdade para um elemento, quatro deslocamentos e duas rotações. Cho e Averill (1997) desenvolveram um elemento finito para vigas baseado numa nova teoria de vigas laminadas de camadas discretas com hipóteses cinemáticas de zig-zag de primeira ordem sub-laminadas para vigas laminadas finas e espessas. O elemento finito é desenvolvido com a topologia de um retângulo de quatro nós, permitindo que a espessura da viga seja discretizada em vários elementos ou sub-laminados.

Apenas alguns investigadores trabalharam na análise não linear de vigas laminadas utilizando o método dos elementos finitos. MurTn (1995) formulou uma matriz de rigidez não linear de um elemento finito sem fazer quaisquer simplificações. A matriz inclui as dependências quadráticas e cúbicas dos incrementos desconhecidos dos deslocamentos nodais generalizados no sistema de equações inicialmente linearizado. No entanto, a formulação está limitada a materiais isotrópicos e não é aplicada a compósitos laminados. Patel et al. (1999) estudaram as vibrações flexionais não lineares e a pós-flexão de vigas ortotrópicas laminadas assentes numa classe de fundações elásticas de dois parâmetros, utilizando um elemento de viga flexível de três nós. Argyris e Symeondis (1981) apresentaram uma análise não linear por elementos finitos de estruturas elásticas sujeitas a forças não conservativas. Derivaram uma teoria geral para estudar o comportamento da estabilidade de problemas de valores limite não auto-adjuntos. Hasegawa et al. (1988) estudaram a instabilidade elástica e o comportamento não linear de deslocamentos finitos de elementos de paredes finas espaciais sujeitos a cargas dependentes do deslocamento. Apresentaram uma formulação geral para derivar a matriz de rigidez do carregamento.

A estabilidade dinâmica de estruturas sujeitas a uma força seguidora utilizando o método dos elementos finitos foi também estudada por Chen e Yang (1989), Chen e Ku (1991a,1991b), Saje e Jelenic (1994), Vitaliani et al. (1997), Kim e Kim (2000), e Detinko (2001). Com o interesse crescente da investigação em estudar estruturas sujeitas a cargas conservativas e não conservativas. Neste caso, quando a carga não conservativa é adicionada como uma fração das cargas puramente tangenciais, é designada por carga sub-tangencial. Rao e Rao (1987a, 1987b) estudaram a estabilidade de uma viga em consola sob uma carga seguidora sub-tangencial utilizando os critérios estático e dinâmico. Gasparini et al. (1995) discutiram a transição entre a estabilidade e a instabilidade de uma viga em consola sujeita a uma carga de arrastamento parcial utilizando o MEF. Posteriormente, Zuo e Schreyer (1996) estudaram a instabilidade de uma viga em consola e de uma placa simplesmente apoiada, sujeitas a uma combinação de forças fixas e de arrastamento. Introduziram um parâmetro não conservativo para ter em conta todas as combinações possíveis destas forças. Mostraram que, para a viga, a instabilidade muda de divergência para vibração num valor crítico deste parâmetro; para valores do parâmetro acima do valor crítico, a instabilidade de vibração permanece como o único padrão de instabilidade; e para a placa, a instabilidade é governada por vibração para uma certa gama do parâmetro não conservador, embora a instabilidade de divergência ainda exista. Ryu et al. (1998) investigaram a estabilidade dinâmica de pilares verticais de Timoshenko em consola com um corpo rígido na extremidade e sujeitos à ação de forças sub tangenciais. Referem-se à força sub-tangencial como uma combinação da força tangencial seguidora com a força vertical. Apenas alguns investigadores estudaram a estabilidade de estruturas laminadas sob a ação de cargas tangenciais, como é o caso de Xiong e Wang (1987). Estes autores apresentaram um método analítico para calcular a estabilidade de um pilar laminado sob uma carga do tipo Beck, incluindo a deformação de corte e a inércia rotacional.

Além disso, existem vários métodos para analisar uma estrutura incerta através da integração de aspectos probabilísticos no modelo de elementos finitos. A este respeito, tem havido um interesse crescente na aplicação destes métodos para melhor compreender as estruturas compósitas laminadas, integrando a natureza estocástica da estrutura na análise de elementos finitos (Schueller, 1997). Quando a natureza probabilística das propriedades dos materiais, da geometria e/ou das cargas é integrada no método dos elementos finitos, este conceito é designado por método probabilístico dos elementos finitos (PFEM). A análise probabilística por elementos finitos (PFEA) pode ser classificada em duas categorias: técnicas de perturbação e métodos de simulação. As técnicas de perturbação baseiam-se na expansão em série (por exemplo, a série de Taylor) para formular uma relação linear ou quadrática entre a aleatoriedade do material, a geometria ou a carga e a aleatoriedade da resposta (Nakagiri e Hisada, 1988a; 1988b). Os métodos de simulação, como a simulação de Monte Carlo, baseiam-se em computadores para gerar números aleatórios a partir das incertezas do material, da geometria ou da carga e correlacionar a resposta probabilística com esses números (Shinozuka, 1972; Fang e Springer, 1993).

Foi efectuada uma quantidade considerável de investigação no domínio das estruturas aleatórias utilizando o método dos elementos finitos estocásticos. Conteras (1980) e Vanmarcke et al. (1986) aplicaram o método à análise de problemas estáticos e dinâmicos. Collins e Thompson (1969) aplicaram-no à análise de problemas de valores próprios. Kiureghian e Ke (1988) e Zhang et al. (1996) aplicaram métodos de perturbação ao projeto de estruturas. A principal aplicação tem sido para efeitos de projeto e todos os trabalhos têm sido aplicados a materiais isotrópicos. Chakraborty e Dey (1995) desenvolveram um MEF estocástico para a análise de estruturas com incertezas estatísticas tanto nas propriedades dos materiais como nas cargas aplicadas externamente. Estas incertezas foram modeladas como processos estocásticos gaussianos homogéneos. Utilizaram a técnica de expansão de Neumann para inverter a matriz de rigidez estocástica. Não consideraram uma matriz de massa estocástica e a formulação foi aplicada apenas a matrizes de rigidez lineares. Além disso, não foi feita qualquer aplicação a materiais compósitos. A análise probabilística requer as derivadas das matrizes estruturais, bem como as derivadas dos valores próprios, dos vectores próprios e dos deslocamentos. Lee e Lim (1997) apresentaram uma abordagem para alargar os métodos de sensibilidade de modo a incluir a incerteza estrutural com parâmetros aleatórios utilizando técnicas de perturbação.

As derivadas dos vectores próprios em relação às variáveis de projeto são muito úteis em determinadas análises e aplicações de projeto. Muitos investigadores desenvolveram vários métodos baseados na sensibilidade para calcular estas derivadas (Fox e Kapoor, 1968; Plaut e Huseyin, 1973; Haftka e Adelman, 1986; Liu et al., 1995). A análise de sensibilidade e o cálculo de compósitos laminados como ferramenta para a otimização do projeto foram estudados por vários investigadores, tais como Pederson (1987), Mateus et al. (1991) e Chen et al. (1996). Brenner e Bucher (1995) apresentaram uma análise de fiabilidade estocástica baseada em elementos finitos de grandes estruturas não lineares sujeitas a cargas dinâmicas, envolvendo aleatoriedade estrutural e de carga, com um esforço computacional relativamente reduzido quando comparado com os métodos tradicionais de Monte Carlo. Papadopoulos e Papadrakakis (1998) utilizaram um método integral ponderado em conjunto com a simulação de Monte Carlo para a análise de fiabilidade estocástica baseada em elementos finitos de estruturas espaciais. Chakraborty e Dey (1996) implementaram a simulação estocástica por elementos finitos de estruturas aleatórias em fundações incertas sob carregamento aleatório. Mais tarde, Chakraborty e Dey (1998) propuseram um MEF estocástico no domínio da frequência para a análise de problemas de dinâmica estrutural envolvendo parâmetros incertos. Recentemente, Oh e Librescu (1997) estudaram a vibração livre e a fiabilidade de vigas compósitas cantilever com incertezas estruturais. Utilizaram uma formulação estocástica de Rayleigh-Ritz. Graham e Deodatis (2000) estudaram a variabilidade dos deslocamentos de resposta e dos valores próprios de estruturas com múltiplos materiais incertos e propriedades geométricas. Imai e Frangopol (2000) reviram a teoria da análise de fiabilidade por elementos finitos de estruturas elásticas geometricamente não lineares com base na formulação Lagrangiana total. Também forneceram desenvolvimentos na implementação informática e estabeleceram a base de compreensão das aplicações apresentadas num trabalho subsequente (Frangopol e Imai, 2000). Mei et al. (1998) utilizaram uma análise estocástica baseada em wavelets para analisar estruturas de vigas isotrópicas. Sobczyk et al. (1996) analisaram a dinâmica de sistemas estruturais com parâmetros que variam aleatoriamente utilizando a teoria das equações integrais aleatórias. A presença de incertezas não cognitivas conduzirá à aleatoriedade dos parâmetros materiais e geométricos. Devido à natureza incerta dos parâmetros materiais e geométricos, a análise da estabilidade e da vibração do estado de equilíbrio trivial (assumindo que existe) também será afetada.

A análise de estruturas sob cargas aleatórias tem sido estudada para uma grande classe de problemas (Maymon, 1998). Além disso, as incertezas não cognitivas nas propriedades dos materiais compósitos foram estudadas por Nakagiri e Hisada (1983), Nakagiri et al. (1987), Ibrahim (1987), Leissa e Martin (1990), e Oh e Librescu (1997).

Na análise dinâmica do presente problema, a natureza aleatória da matriz de rigidez, da matriz de massa, dos valores próprios e dos vectores próprios pode ser estudada utilizando uma expansão em série de Taylor até à segunda ordem em torno da média de cada variável aleatória. Esta abordagem foi recentemente utilizada por Zhang e Ellingwood (1995) para resolver problemas de encurvadura. Oh e Librescu (1997) utilizaram uma formulação semelhante para uma abordagem estocástica de Rayleigh-Ritz para estudar as vibrações livres de compósitos laminados.

2.2 Vibração de Laminados Compósitos Delaminados

Numa revisão sobre o comportamento controlado pela rigidez de laminados compósitos com delaminação, apresentada por Mujumdar e Suryanarayan, o modelo mais antigo relatado para a análise de vibrações de vigas compósitas delaminadas foi apresentado por Ramkumar et al. Modelaram a viga com uma delaminação de largura passante utilizando quatro vigas Timoshenko. O efeito de acoplamento entre as vibrações axiais e transversais foi negligenciado na sua análise. As frequências naturais e as formas próprias foram então resolvidas através de um problema de valores próprios de fronteira. Os seus resultados mostraram que as frequências previstas eram consistentemente muito inferiores aos resultados experimentais.

Wang et al melhoraram o modelo de Ramkumar et al para uma viga isotrópica, incluindo o efeito do acoplamento entre as vibrações axiais e transversais. A teoria clássica da viga foi aplicada a cada uma das vigas. Assumiram que as camadas delaminadas se deformavam "livremente" sem se tocarem. Este modelo foi designado por "modo livre". Verificaram que, para vigas delaminadas com uma delaminação curta e próxima do plano médio, as frequências naturais estavam próximas dos valores experimentais. Isto implicava que a grande discrepância no modelo de Ramkumar et al. se devia principalmente ao facto de se negligenciar o efeito de acoplamento. Mujumdar e Suryanarayan mostraram que, no caso de delaminação fora do plano médio, as formas próprias do modelo de "modo livre" são fisicamente inadmissíveis. Isto deve-se ao facto de se assumir que as camadas delaminadas se deformam "livremente" sem se tocarem, pelo que as camadas delaminadas terão deformações transversais diferentes. Para evitar este tipo de incompatibilidade, propuseram um modelo baseado no pressuposto de que as camadas delaminadas são "restringidas" e, por conseguinte, têm deformações transversais idênticas. Além disso, as camadas delaminadas são assumidas como livres para deslizar umas sobre as outras na direção axial, exceto nas suas extremidades, que estão ligadas aos segmentos integrais. Este modelo foi designado por "modo condicionado". Para "restringir" as camadas delaminadas, uma pressão normal igual e oposta actua na superfície inferior da camada superior e na superfície superior da camada delaminada inferior. Shu e Fan alargaram o modelo de "modo restrito" a vigas bimateriais divididas. O seu estudo centrou-se na influência do rácio do módulo na frequência natural da viga delaminada.

Hu e Hwu alargaram o modelo de "modo restrito" para vigas sanduíche compósitas de modo a incluir os efeitos de corte transversal e de inércia rotativa. Investigaram os efeitos da alma, das faces e da delaminação nas frequências naturais da viga e as correspondentes formas próprias. Tracy e Pardoen apresentaram um modelo semelhante de "modo restrito" para estudar o efeito da delaminação na frequência natural de uma viga composta simplesmente apoiada. O seu modelo permite a existência de rigidez axial e de flexão independentes e inclui o efeito do contacto entre as camadas delaminadas.

Foram efectuadas experiências para verificar o seu modelo. Okafor et al. e Watkins et al. utilizaram o modelo de Tracy e Pardoen para a previsão de delaminação em vigas compósitas. Foi desenvolvida uma técnica de deteção de danos baseada em redes neuronais, utilizando as frequências naturais para prever a dimensão e a localização da delaminação. Foram realizadas outras experiências para verificar o modelo analítico e a precisão da técnica de deteção de danos.

Valoor e Chandrashekhara alargaram o modelo de Tracy e Pardoen para incluir os efeitos da deformação de corte transversal e da inércia rotacional. Além disso, o efeito de Poisson foi incluído devido à sua importância na análise de vigas laminadas com camadas angulares. As equações de movimento foram derivadas utilizando o princípio de Hamilton. As frequências naturais obtidas a partir do modelo analítico foram utilizadas para treinar uma rede neural de retropropagação para prever a dimensão e a localização da delaminação.

O modelo de "modo restrito", no entanto, não conseguiu prever a abertura nas formas próprias encontradas nas experiências de Shen e Grady e Lestari e Hanagud. Shen e Grady apresentaram um modelo analítico baseado na teoria da viga de Timoshenko e na teoria da viga fendilhada. Foram apresentadas duas soluções; uma utiliza a hipótese do "modo limitado" e inclui o efeito de acoplamento entre as vibrações axiais e transversais, e a outra utiliza a hipótese do "modo livre" mas negligencia o efeito de acoplamento. As equações do movimento foram derivadas através do método variacional de Hu-Washizu-Barr para incluir o trabalho virtual efectuado pelas forças de inércia. O procedimento de Galerkin foi utilizado para determinar a frequência natural e o método de Rayleigh-Ritz foi utilizado para determinar a forma própria da viga. Os resultados numéricos foram verificados com dados experimentais, que têm sido amplamente utilizados como valores de referência por muitos investigadores.

Nas investigações de Luo e Hanagud, utilizaram um modelo analítico baseado na teoria da viga de Timoshenko e molas lineares por partes para simular o comportamento "aberto" e "fechado" entre as camadas delaminadas. A rigidez da mola seria então igual a zero para o "modo livre" e infinita para o "modo limitado". Realizaram experiências para verificar os resultados do modelo analítico e propuseram uma técnica de deteção de danos baseada em redes neuronais, utilizando a resposta dinâmica da viga delaminada. Wang e Tong introduziram um modelo não linear de restrição anti-penetração para evitar a sobreposição das camadas delaminadas durante a vibração. Foi utilizada a teoria da viga de Timoshenko. As forças de contacto entre as camadas delaminadas foram expressas em função dos deslocamentos transversais relativos das camadas. Foram utilizados dois tipos de funções, nomeadamente, uma função linear de mola e uma função não linear do tipo Hertz. As forças de contacto causam não linearidade nas equações de movimento, que foram resolvidas utilizando o método das diferenças finitas. Luo et al. investigaram a vibração não linear de vigas compósitas com uma delaminação arbitrária através da largura, utilizando a hipótese do "modo livre".

A sua análise inclui o efeito da deformação de corte transversal mas negligencia o efeito da inércia rotativa. As equações do movimento foram discretizadas pelo método de Galerkin utilizando provetes B cúbicos como funções de teste. A frequência natural da viga delaminada foi obtida utilizando o método do equilíbrio harmónico incremental. Em laminados compósitos danificados por impacto de baixa velocidade, está normalmente presente mais do que uma delaminação. As soluções analíticas disponíveis para delaminações múltiplas baseavam-se na teoria de vigas de Euler-Bernoulli. *Wang et al.* apresentaram um modelo para vigas compósitas com delaminações múltiplas utilizando o pressuposto de "modo limitado". As relações de recorrência que relacionam as constantes de integração entre segmentos adjacentes com um número diferente de delaminações foram estabelecidas através da satisfação de condições de continuidade nas junções das delaminações. Kim e Hwang também apresentaram uma solução analítica utilizando a hipótese do "modo restrito" para vigas sanduíche alveolares delaminadas. As equações de movimento para a viga delaminada foram derivadas assumindo que as deformações de corte nas placas frontais e as tensões longitudinais na alma são negligenciáveis. Experiências realizadas em vigas sanduíche alveolares com faces compósitas laminadas de carbono/epoxi e núcleo alveolar de Nomex-aramida foram utilizadas para verificar a validade do modelo. Lee et al. apresentaram uma solução analítica utilizando o pressuposto de "modo livre". As equações de frequência de vigas delaminadas múltiplas foram obtidas dividindo a viga delaminada global em segmentos de viga e impondo uma relação de recorrência a partir das condições de continuidade em cada sub-viga. Estas condições de continuidade foram determinadas assumindo uma curvatura constante nas junções de delaminação. Os resultados do seu modelo analítico foram verificados com base em resultados experimentais e de elementos finitos. Utilizando pressupostos semelhantes, Park et al. apresentaram um modelo analítico utilizando operações sequenciais para delaminações concêntricas múltiplas.

Shu apresentou soluções analíticas para investigar a vibração de vigas sanduíche com duas delaminações em locais idênticos ao longo do vão, com dupla delaminação. Foram considerados dois pressupostos, o modo de contacto, "livre" e "limitado", entre as camadas delaminadas e a deformação local nas frentes de delaminação. Shu e Mai investigaram a deformação local perto das duas frentes de delaminação e identificaram as condições de "conetor rígido" e "conetor macio". A secção transversal num "conetor rígido" permanece perpendicular ao plano médio deformado da viga, tendo assim em conta o alongamento diferencial entre as vigas delaminadas. A secção transversal de um "conetor macio" permanece perpendicular à viga não deformada, negligenciando assim o alongamento diferencial. Outras soluções analíticas para vigas compósitas com múltiplas delaminações foram apresentadas por Lestari e Hanagud, que basearam o seu trabalho no modelo de mola linear por partes, e por Shu e Della e *Della et.al.*, que basearam a sua investigação nas hipóteses de "modo livre" e "modo limitado".

Chakraborty et.al. desenvolveram um modelo para vigas compósitas assimétricas utilizando a hipótese do "modo livre". Foram utilizados dois nós e três graus de liberdade por nó. Foram utilizadas condições de continuidade semelhantes às do modelo acima referido. Krawczuk et al. e Zak et al. utilizaram a hipótese do "modo livre" nos seus estudos. Utilizaram elementos finitos de viga com três nós e três graus de liberdade por nó.

2.3 Vigas compósitas laminadas utilizando teorias de deslocamento por camadas

A utilização de laminados compósitos reforçados com fibras tem aumentado em geral em aplicações sensíveis ao peso, como as estruturas aeroespaciais e automóveis, devido à sua elevada resistência específica e elevada rigidez específica. Em comparação com a análise de placas e cascas laminadas, os trabalhos realizados até à data no domínio das vigas compósitas reforçadas com fibras são limitados. Os componentes estruturais do tipo viga feitos de materiais compósitos estão a ser cada vez mais utilizados em aplicações de engenharia. Devido ao seu comportamento complexo, na análise de tais estruturas devem ser tidos em consideração alguns aspectos técnicos. Por exemplo, ignorar a deformação transversal de cisalhamento nas teorias clássicas de laminação (CLTs) resulta numa subestimação da deflexão e numa sobrestimação das frequências naturais. As teorias de deformação de cisalhamento de primeira ordem e de ordem superior são melhorias das teorias clássicas. Nestas teorias, a deformação de cisalhamento transversal através da espessura da estrutura não é ignorada. Outro aspeto na análise de estruturas compósitas é a existência de acoplamentos entre alongamento, cisalhamento, flexão e torção. Estes acoplamentos podem alterar significativamente a resposta das estruturas compósitas e, por isso, têm de ser considerados.

Um levantamento dos desenvolvimentos na análise de vibrações de vigas e placas laminadas foi apresentado por Kapania e Raciti. Miller e Adams estudaram a vibração de vigas unidireccionais sem pinças, sem incluir a deformação de corte e a inércia rotacional. Teoh e Huang apresentaram uma análise teórica das vibrações livres das mesmas vigas, incluindo o corte transversal e a inércia rotativa, e compararam os seus resultados numéricos com os resultados experimentais apresentados por Abarcar e Cunniff.

No que diz respeito ao desenvolvimento de uma teoria de vigas laminadas, são adoptadas duas abordagens diferentes na literatura. Na primeira abordagem, o deslocamento lateral (na direção y) da viga é simplesmente negligenciado. Desta forma, os acoplamentos entre o cisalhamento e o alongamento no plano e entre a flexão e a torção são ignorados. Esta teoria é frequentemente utilizada para vigas isotrópicas e vigas laminadas com camadas cruzadas (camadas O e 90). Chandrashekhar e Sheinman também utilizaram esta abordagem para vigas laminadas com camadas angulares (camadas h e -h).

De facto, a teoria desenvolvida nestes trabalhos é para a flexão cilíndrica de placas laminadas e não para a flexão de vigas laminadas. O estudo de estruturas compósitas laminadas reforçadas com fibras utilizando métodos discretizados, como a análise de elementos finitos, é de grande interesse para os investigadores. Salvo raras excepções, a maioria dos investigadores tem considerado basicamente a abordagem tradicional da análise de elementos finitos, utilizando a integração numérica. Uma vantagem da integração numérica é o facto de ser mais fácil de implementar num código de elementos finitos existente. Por outro lado, a sua utilização é desvantajosa porque pode conduzir a bloqueios de corte e, em alguns casos, a problemas de convergência (Bathe, 1996). Apenas alguns investigadores tentaram integrar a computação simbólica nos modelos de elementos finitos (Yang, 1994; Teboub e Hajela, 1995). Uma vantagem da integração simbólica é a economia de tempo computacional, uma vez que a matriz de rigidez tangente e o vetor de força interna, por iteração, para cada elemento, são avaliados apenas uma vez. Tanto quanto é do nosso conhecimento, não existe nenhum trabalho que integre manipuladores simbólicos na análise não linear de elementos finitos para compósitos laminados.

Nesta investigação, é de interesse estudar estruturas que sofrem grandes deformações. As não-linearidades geométricas devem ser incluídas quando as grandes deformações são importantes. Além disso, para teorias que incluem deformações de cisalhamento e não-linearidades geométricas, uma teoria bidimensional exigiria muitos graus de liberdade. Um modelo unidimensional é desejável e, por isso, é utilizado neste trabalho.

2.4 Análise não linear de elementos finitos

Kapania e Raciti (1989b, 1989c) fizeram uma extensa revisão da literatura sobre vigas e placas laminadas que existia antes de 1989. No entanto, nenhum elemento de viga derivado disponível antes ou depois de 1989 tem todas as seguintes caraterísticas num único elemento: utilização de integração simbólica, todos os três deslocamentos (axial, transversal e lateral), efeitos de torção e empenamento, rotação no plano e efeitos de corte. Bassiouni et al. (1999) utilizaram um modelo de elementos finitos para obter as frequências naturais e as formas próprias de vigas compósitas laminadas. O elemento finito era constituído por cinco nós: os dois pontos finais, um a um terço, um a dois terços e o ponto médio. As componentes do deslocamento são o deslocamento lateral, o deslocamento axial e o deslocamento rotacional. São apresentadas soluções de forma fechada para as matrizes de rigidez e de massa. Embora se trate de um elemento de viga completo, não tem em conta o corte no plano, as deformações de corte, as deformações transversais e os efeitos de torção.

Os elementos finitos baseados na FSDT são um desafio porque acrescentam graus de liberdade adicionais ao problema. No entanto, alguns investigadores desenvolveram elementos deste tipo. Koo e Kwak (1994) propuseram um elemento finito adequado para a análise de pórticos compósitos com base na teoria da deformação de corte de primeira ordem. A deformação é interpolada separadamente para flexão e cisalhamento com funções cúbicas e lineares, respetivamente. Carrera e Villani (1994) trataram da análise não-linear de placas multi-camadas axialmente comprimidas em casos estáticos conservadores. Uma formulação para a matriz de rigidez dinâmica exacta para vigas laminadas simétricas e assimétricas foi derivada utilizando as funções de forma exactas para a deflexão e a inclinação à flexão de elementos de vigas laminadas compostas (Abramovich et al., 1995; Eisenberger et al., 1995). A formulação é baseada na FSDT e inclui efeitos de inércia rotacional desenvolvidos por Abramovich (1992).

Entretanto, outros investigadores analisaram vigas laminadas utilizando a solução de espaço de estados. Teboub e Hajela (1995) estudaram as vibrações livres de vigas compósitas laminadas anisotrópicas utilizando o FSDT, incluindo inércias no plano e rotacionais, utilizando uma solução de espaço de estados em vez do método dos elementos finitos. Posteriormente, Khdeir e Reddy (1997) utilizaram o conceito de espaço de estados em conjunto com a forma canónica de Jordan para resolver as equações que regem a flexão de vigas laminadas com camadas cruzadas. Utilizaram teorias clássicas, de segunda ordem e de terceira ordem para desenvolver soluções exactas para vigas laminadas com camadas cruzadas simétricas e assimétricas. A solução baseia-se principalmente nas teorias anteriormente utilizadas para investigar a vibração e a análise de encurvadura de vigas laminadas com camadas cruzadas (Khdeir e Reddy, 1994; Khdeir, 1996).

No entanto, outros trabalhos de investigação centraram-se na derivação de elementos de viga para compósitos laminados utilizando teorias de deformação por corte de ordem superior (HSDT). Manjunatha e Kant (1993) desenvolveram um conjunto de teorias de ordem superior para a análise de vigas compósitas e sandwich utilizando elementos finitos CO. Ao incorporar uma variação de deslocamento não linear mais realista através da espessura da viga, eliminaram a necessidade de coeficientes de correção do corte. Kam e Chang (1992) estudaram o comportamento à flexão e à vibração livre de vigas compósitas laminadas utilizando FSDT e HSDT. Shi et al. (1998) investigaram a influência da ordem de interpolação da deformação de flexão do elemento na exatidão da solução de elementos de vigas compósitas derivados com HSDT e apresentaram um elemento de viga compósita de terceira ordem simples e exato. Concluíram que a expressão da deformação que dá a ordem mais elevada de interpolação da deformação de flexão deve ser escolhida para a modelação por elementos finitos de vigas compósitas com base na HSDT. Kadivar e Mohebpour (1998) estudaram a resposta dinâmica por elementos finitos de uma viga mista laminada assimetricamente sujeita a cargas móveis. O elemento finito unidimensional é derivado com base na teoria clássica da laminação, na teoria da deformação por corte de primeira ordem e na teoria da deformação por corte de ordem superior.

Subramanian (2001) desenvolveu um elemento finito de dois nós com oito graus de liberdade por nó, utilizando um HSDT, para a análise à flexão de vigas compósitas laminadas simétricas. Lam e Zou (2001) desenvolveram uma tira finita deformável por cisalhamento de ordem superior para a análise de laminados compósitos. A formulação permite a continuidade C0 com nove variáveis e pode ser utilizada para analisar placas laminadas simétricas e não simétricas. Yildirim e Kiran (2000) estudaram o problema da vibração livre fora do plano de vigas laminadas cruzadas simétricas através do método da matriz de transferência. A formulação baseia-se na teoria da deformação de corte de primeira ordem. Na sua formulação, é possível isolar os efeitos da inércia rotacional, do corte transversal e das deformações axiais para estudar a sua influência nas frequências naturais. Num trabalho posterior, Yildirim (2000) utilizou o método da rigidez para a solução do problema de vibração livre puramente no plano de vigas laminadas transversais simétricas. No primeiro, foram definidos seis graus de liberdade para um elemento, quatro deslocamentos e duas rotações.

2.5 Análise por camadas de vigas laminadas

Diferentes autores utilizaram teorias layerwise no desenvolvimento de elementos de vigas laminadas. Averill e Yip (1996) desenvolveram um elemento finito C0 de dois nós, preciso, simples e robusto, baseado nas teorias de viga laminada deformável ao corte e por camadas (zig-zag). O elemento de dois nós tem apenas quatro graus de liberdade por nó. A formulação só é válida para pequenas deformações. Cho e Averill (1997) desenvolveram um elemento finito para vigas baseado numa nova teoria de vigas laminadas de camadas discretas com hipóteses cinemáticas zig-zag de primeira ordem sub-laminadas para vigas laminadas finas e espessas. O elemento finito é

desenvolvido com a topologia de um retângulo de quatro nós, permitindo que a espessura da viga seja discretizada em vários elementos ou sub-laminados.

Apenas alguns investigadores trabalharam na análise não linear de vigas laminadas utilizando o método dos elementos finitos. Mur'ın (1995) formulou uma matriz de rigidez não linear de um elemento finito sem efetuar quaisquer simplificações. A matriz inclui as dependências quadráticas e cúbicas dos incrementos desconhecidos dos deslocamentos nodais generalizados no sistema de equações inicialmente linearizado. No entanto, a formulação está limitada a materiais isotrópicos e não é aplicada a compósitos laminados. Patel et al. (1999) estudaram as vibrações de flexão não lineares e a pós-flexão de vigas ortotrópicas laminadas assentes numa classe de fundações elásticas de dois parâmetros, utilizando um elemento de viga flexível de três nós. Em algumas formulações, o deslocamento transversal foi dividido como a adição de contribuições de cisalhamento e flexão. Isto conduz a uma matriz de massa singular quando se consideram as inércias rotacionais. Por outro lado, também se pode considerar a deformação transversal total e introduzir o cisalhamento utilizando a rotação da normal à superfície média no campo de deslocamento. Outro facto é que, ao considerar a rotação de corte no plano, o deslocamento lateral v não pode ser ignorado. Ignorar o deslocamento lateral traz inconsistências nas relações de deformação-deslocamento. Além disso, ao estudar as incertezas de vigas laminadas simetricamente e assimetricamente, é necessário ter um elemento de viga capaz de variar as propriedades materiais e geométricas. O presente elemento permite-nos variar todas as propriedades da viga, uma caraterística que nos ajudou a estudar a natureza probabilística das vigas laminadas na presença de incertezas (Kapania e Goyal, 2001, 2002).

2.6 Estabilidade dinâmica de vigas laminadas

A análise de estabilidade utilizando o critério dinâmico tem sido utilizada por vários investigadores. Argyris e Symeondis (1981) apresentaram uma análise não linear por elementos finitos de estruturas elásticas sujeitas a forças não conservativas. Derivaram uma teoria geral para estudar o comportamento da estabilidade de problemas de valores limite não auto-adjuntos. Hasegawa et al. (1988) estudaram a instabilidade elástica e o comportamento não linear do deslocamento finito de elementos de paredes finas espaciais sujeitos a cargas dependentes do deslocamento. Apresentaram uma formulação geral para derivar a matriz de rigidez do carregamento.

A estabilidade dinâmica de estruturas sujeitas a uma força seguidora utilizando o método dos elementos finitos foi também estudada por Chen e Yang (1989), Chen e Ku (1991a, 1991b), Saje e Jelenic (1994), Vitaliani et al. (1997), Kim e Kim (2000) e Detinko (2001). Além disso, tem havido algum interesse em estudar estruturas sujeitas a cargas conservativas e não conservativas. Quando a carga não conservativa é adicionada como uma fração das cargas puramente tangenciais, é designada por carga sub-tangencial. Rao e Rao (1987a, 1987b) estudaram a estabilidade de uma viga em consola sob uma carga sub-tangencial utilizando os critérios estático e dinâmico. Gasparini et al. (1995) discutiram a transição entre a estabilidade e a instabilidade de uma viga em consola sujeita a uma carga de arrastamento parcial utilizando o MEF.

Posteriormente, Zuo e Schreyer (1996) estudaram a instabilidade de uma viga em consola e de uma placa simplesmente apoiada, sujeitas a uma combinação de forças fixas e de apoio. Introduziram um parâmetro não conservativo para ter em conta todas as combinações possíveis destas forças. Mostraram que, para a viga, a instabilidade muda de divergência para vibração num valor crítico deste parâmetro; para valores do parâmetro acima do valor crítico, a instabilidade de vibração permanece como o único padrão de instabilidade; e para a placa, a instabilidade é governada por vibração para uma certa gama do parâmetro não conservador, embora a instabilidade de divergência ainda exista. Ryu et al. (1998) investigaram a estabilidade dinâmica de pilares verticais de Timoshenko em consola com um corpo rígido na extremidade e sujeitos à ação de forças sub-tangenciais. Referem-se à força sub-tangencial como uma combinação da força tangencial seguidora com a força vertical. No entanto, apenas alguns investigadores estudaram a estabilidade de estruturas laminadas sob a ação de cargas tangenciais, como é o caso de Xiong e Wang (1987). Estes autores apresentaram um método analítico para calcular a estabilidade de um pilar laminado sob uma carga do tipo Beck, incluindo a deformação por corte e a inércia rotacional.

De facto, as estruturas aeroespaciais podem estar sujeitas não só a cargas conservativas mas também a cargas não conservativas. Tanto quanto é do conhecimento do autor, não foi encontrado nenhum trabalho sobre a estabilidade de vigas laminadas sujeitas a cargas sub-tangenciais utilizando o critério dinâmico. Assim, vamos estudar a forma como a estabilidade de vigas compósitas laminadas é afetada por cargas sub-tangenciais. Devido à complexidade inerente aos materiais compósitos, as estruturas laminadas reforçadas com fibras podem ser difíceis de fabricar de acordo com as especificações exactas do projeto, resultando em incertezas indesejáveis. De facto, durante o fabrico de laminados, podem ser introduzidos defeitos de material, tais como vazios inter-laminares, delaminação, orientação incorrecta, fibras danificadas e variações de espessura (Reddy, 1997). O projeto e a análise com materiais convencionais são mais fáceis do que com materiais compósitos, uma vez que as propriedades materiais e geométricas dos materiais convencionais têm uma variação reduzida ou bem conhecida do seu valor nominal. Por outro lado, o mesmo não se pode dizer do projeto de estruturas que utilizam materiais compósitos laminados. Assim, a compreensão das incertezas em estruturas laminadas é extremamente importante para um projeto e uma análise precisos de estruturas aeroespaciais e outras. Elishakoff (1998) sugeriu três abordagens diferentes para o estudo das incertezas: (i) métodos probabilísticos, (ii) métodos baseados em conjuntos difusos ou possibilidades, e (iii) anti-otimização.

Os métodos não probabilísticos, como a teoria dos conjuntos difusos e a anti-otimização, são utilizados quando os dados relativos ao parâmetro incerto não estão disponíveis ou quando se sabe pouco sobre a função de densidade de probabilidade (Ayyub, 1994; Elishakoff, 1995). No entanto, estas incertezas são ignoradas nesta investigação porque os métodos não probabilísticos estão fora do âmbito do presente trabalho. Nesta investigação, as fontes não cognitivas de incerteza são de grande interesse e são tratadas utilizando métodos probabilísticos ou métodos não probabilísticos. As fontes não cognitivas de incerteza (isto é, variações materiais e geométricas) são, em geral, quantificadas e a informação sobre a incerteza destes parâmetros pode estar disponível. Quando existem dados suficientes para prever a função de densidade de probabilidade, então pode ser utilizado um método probabilístico. Assim, ao longo desta dissertação, as incertezas devidas a fontes não cognitivas são estudadas utilizando uma abordagem probabilística. A aleatoriedade das fontes não cognitivas leva a variações nos coeficientes de rigidez e de massa dos laminados. Estas incertezas podem envolver quantidades geométricas (por exemplo, orientações e dimensões das camadas), propriedades do material (por exemplo, módulo de elasticidade, módulo de cisalhamento, coeficiente de Poisson e densidade do material) e propriedades externas (por exemplo, efeitos térmicos e de carga). No entanto, nesta investigação, apenas são consideradas as incertezas que envolvem as propriedades materiais e geométricas.

A análise probabilística pode ser efectuada através de uma abordagem analítica ou computacional. Uma abordagem analítica seria a mais exacta, embora seja complicada e pouco prática, exceto para sistemas muito simples. No entanto, com a disponibilidade de computadores de alta velocidade, o método dos elementos finitos tornou-se uma ferramenta normalizada para os engenheiros analisarem estruturas com geometria complexa, incluindo várias fontes de não linearidades. Contudo, o método determinístico dos elementos finitos não tem em conta a incerteza dos diferentes parâmetros da estrutura, pelo que não pode ser utilizado para a análise da fiabilidade. Existem vários métodos para analisar uma estrutura incerta através da integração de aspectos probabilísticos na modelação por elementos finitos. Em especial, tem havido um interesse crescente em aplicar estes métodos para compreender melhor as estruturas compósitas laminadas, integrando a natureza estocástica da estrutura na análise de elementos finitos (Schueller, 1997). Quando a natureza probabilística das propriedades dos materiais, da geometria e/ou das cargas é integrada no método dos elementos finitos, este conceito é designado por método probabilístico dos elementos finitos (PFEM).

A análise probabilística por elementos finitos (PFEA) pode ser classificada em duas categorias: técnicas de perturbação e métodos de simulação. As técnicas de perturbação baseiam-se na expansão de séries (por exemplo, séries de Taylor) para formular uma relação linear ou quadrática entre a aleatoriedade do material, a geometria ou a carga e a aleatoriedade da resposta (Nakagiri e Hisada, 1988a; 1988b). Os métodos de simulação, como a simulação de Monte Carlo, baseiam-se em computadores para gerar números aleatórios a partir das incertezas do material, da geometria ou da carga e correlacionar a resposta probabilística com essas incertezas (Shinozuka, 1972; Fang e Springer, 1993; Vinckenroy et al., 1995).

Foi efectuada uma quantidade considerável de investigação no domínio das estruturas aleatórias utilizando o método dos elementos finitos estocásticos. Conteras (1980) e Vanmarcke et al. (1986) aplicaram o método à análise de problemas estáticos e dinâmicos. Collins e Thompson (1969) aplicaram-no à análise de problemas de valores próprios. Kiureghian e Ke (1988) e Zhang et al. (1996) aplicaram métodos de perturbação ao projeto de estruturas. A principal aplicação tem sido para efeitos de projeto e todos os trabalhos têm sido aplicados a materiais isotrópicos. Chakraborty e Dey (1995) desenvolveram um MEF estocástico para a análise de estruturas com incertezas estatísticas tanto nas propriedades dos materiais como nas cargas aplicadas externamente. Estas incertezas foram modeladas como processos estocásticos gaussianos homogéneos. Utilizaram a técnica de expansão de Neumann para inverter a matriz de rigidez estocástica. Não consideraram uma matriz de massa estocástica e a formulação foi aplicada apenas a matrizes de rigidez lineares. Além disso, não foi feita qualquer aplicação a materiais compósitos. A análise probabilística requer as derivadas das matrizes estruturais, bem como as derivadas dos valores próprios, dos vectores próprios e dos deslocamentos. Lee e Lim (1997) apresentaram uma abordagem para alargar os métodos de sensibilidade de modo a incluir a incerteza estrutural com parâmetros aleatórios utilizando técnicas de perturbação.

As derivadas dos vectores próprios em relação às variáveis de projeto são muito úteis em certas análises e aplicações de projeto. Muitos investigadores desenvolveram vários métodos baseados na sensibilidade para calcular estas derivadas (Fox e Kapoor, 1968; Plaut e Huseyin, 1973; Haftka e Adelman, 1986; Liu et.al 1995). A análise de sensibilidade e o cálculo de compósitos laminados como uma ferramenta para a otimização do projeto foram estudados por vários investigadores, tais como Pederson (1987), Mateus et al. (1991) e Chen et al. (1996). Brenner e Bucher (1995) apresentaram uma análise de fiabilidade estocástica baseada em elementos finitos de grandes estruturas não lineares sujeitas a cargas dinâmicas, envolvendo aleatoriedade estrutural e de carga, com um esforço computacional relativamente reduzido quando comparado com os métodos tradicionais de Monte Carlo. Papadopoulos e Papadrakakis (1998) utilizaram um método integral ponderado em conjunto com a simulação de Monte Carlo para a análise de fiabilidade estocástica baseada em elementos finitos de estruturas espaciais. Chakraborty e Dey (1996) implementaram a simulação estocástica por elementos finitos de estruturas aleatórias em fundações incertas sob carregamento aleatório. Mais tarde, Chakraborty e Dey (1998) propuseram um MEF estocástico para o domínio da frequência para a análise de problemas de dinâmica estrutural envolvendo parâmetros incertos.

Recentemente, Oh e Librescu (1997) estudaram a vibração livre e a fiabilidade de vigas compósitas cantilever com incertezas estruturais. Utilizaram uma formulação estocástica de Rayleigh-Ritz. Graham e Deodatis (2000) estudaram a variabilidade dos deslocamentos de resposta e dos valores próprios de estruturas com múltiplos materiais incertos e propriedades geométricas. Imai e Frangopol (2000) reviram a teoria da análise de fiabilidade por elementos finitos de estruturas elásticas geometricamente não lineares com base na formulação Lagrangiana total. Também forneceram desenvolvimentos na implementação informática e estabeleceram a base de compreensão das aplicações apresentadas num trabalho subsequente (Frangopol e Imai, 2000). Mei et al. (1998) utilizaram uma análise estocástica baseada em wavelets para analisar estruturas de vigas isotrópicas. Sobczyk et al. (1996) analisaram a dinâmica de sistemas estruturais com parâmetros que variam aleatoriamente, utilizando a teoria das equações integrais aleatórias. A presença de incertezas não cognitivas conduzirá à aleatoriedade dos parâmetros materiais e geométricos. Devido à natureza incerta dos parâmetros materiais e geométricos, a análise da estabilidade e da vibração do estado de equilíbrio trivial (assumindo que existe) também será afetada. A análise de estruturas sob cargas aleatórias tem sido estudada para uma grande classe de problemas (Maymon, 1998). Além disso, as incertezas não cognitivas nas propriedades dos materiais compósitos foram estudadas por Nakagiri e Hisada (1983), Nakagiri et al. (1987), Ibrahim (1987), Leissa e Martin (1990), e Oh e Librescu (1997).

Na análise dinâmica do presente problema, a natureza aleatória da matriz de rigidez, da matriz de massa, dos valores próprios e dos vectores próprios pode ser estudada utilizando uma expansão em série de Taylor até à segunda ordem em torno da média de cada variável aleatória. Esta abordagem foi recentemente utilizada por Zhang e Ellingwood (1995) para resolver problemas de encurvadura. Oh, e Librescu (1997) utilizaram uma formulação semelhante para uma abordagem estocástica de Rayleigh-Ritz para estudar as vibrações livres de compósitos laminados. A forma mais simples de amortecimento de vibrações é designada por amortecimento de camadas "livres" sem restrições (Nashif *et al.*, 1985), em que o tratamento é revestido numa ou em ambas as faces da estrutura, como se mostra na Figura 1.1. Nesta classe de tratamentos de amortecimento, o material de amortecimento, normalmente um material viscoelástico (VEM), é sujeito a deformação por tensão-compressão, sempre que a estrutura é sujeita a flexão cíclica. Cho *et al.* (2000) apresentaram um método de elementos finitos baseado numa teoria de deslocamento por camadas para estudar as caraterísticas de vibração e amortecimento de placas laminadas anisotrópicas com tratamento CLD. No seu trabalho, a deformação de corte no plano da camada viscoelástica é incluída na análise devido à deformação de corte adicional no plano do laminado de base anisotrópico. O efeito da orientação das fibras do revestimento compósito na frequência natural e no fator de perda do sistema foi investigado. Além disso, foi introduzido o efeito da cobertura parcial, tendo-se concluído que a cobertura central de uma placa fixada com 16% de CLD maximiza o fator de perda do modo fundamental em 46%. Foi também sugerido que podem ser obtidas melhorias no amortecimento através da cobertura parcial de regiões que causam elevada deformação por cisalhamento da camada viscoelástica. Chen e Levy (1996) analisaram vigas em consola sanduíche duplas, enquanto que várias análises de vigas sanduíche parcialmente cobertas podem ser encontradas em Lall *et al.* (1988).

Capítulo 3

Derivação das equações directoras para a análise de vibrações da viga laminada ortotrópica

As equações de movimento serão derivadas utilizando métodos energéticos. A formulação geral das equações de movimento de uma viga de duas camadas envolvendo duas camadas elásticas sujeitas a um carregamento transversal é derivada utilizando o método da energia. Na formulação, os termos de inércia longitudinal e rotacional foram incluídos, para além dos termos de inércia transversal, de modo a que as equações sejam válidas também para altas frequências.

3.1 Os pressupostos do modelo matemático

Para derivar as equações, foram feitas as seguintes suposições.

(i) Assume-se que ambas as camadas se dobram de acordo com a teoria de Bernoulli-Euler, segundo a qual um plano original de secção transversal plana permanece plano e normal às fibras longitudinais da viga após a flexão.

(ii) O efeito de cisalhamento nas camadas é negligenciado e apenas os efeitos de flexão e extensão são considerados.

(iii) O deslocamento transversal numa secção é assumido como constante ao longo da espessura.

(iv) Assume-se a continuidade dos deslocamentos nas interfaces.

(v) Todos os deslocamentos são considerados pequenos, como na elasticidade linear

(vi) As propriedades do material são independentes da deformação.

Utilizando os pressupostos acima referidos, as equações das vibrações de flexão de uma viga de duas camadas sujeita a uma excitação harmónica transversal são derivadas da seguinte forma

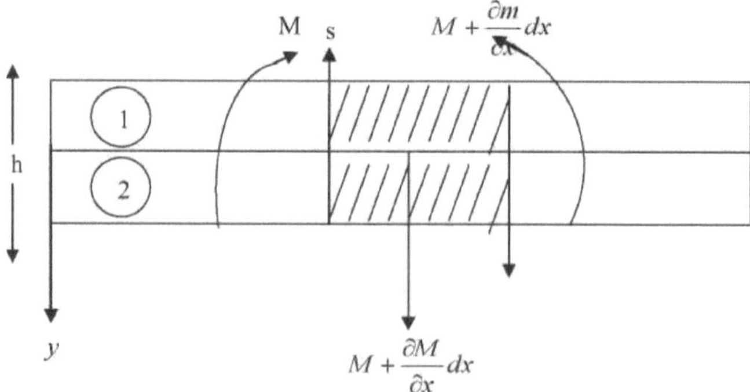

Fig. 3.1 Diagrama de corpo livre pós-navio para a viga mista

Da Fig. 3.1,

$$\rho bh(\frac{\partial^2 v}{\partial t^2} + EI \ (\frac{\partial^4 v}{\partial x^4}) = 0 \qquad\qquad\qquad \textbf{3.1}$$

3.1.1 Para o laminado superior

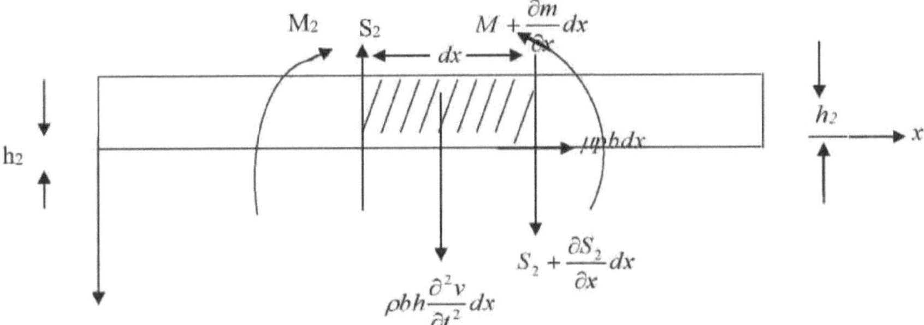

Fig. 3.2 Diagrama de corpo livre pós-navio para o laminado superior

Da Fig. 3.2;

$$\rho bh_2 \frac{\partial^2 v_2}{\partial t^2} + E_2 I_2 \ (\frac{\partial^4 v_2}{dx^4}) - \frac{\mu bh_2}{2}\frac{dp}{dx} = 0. \qquad\qquad \textbf{3.2}$$

3.1.2. Laminado inferior

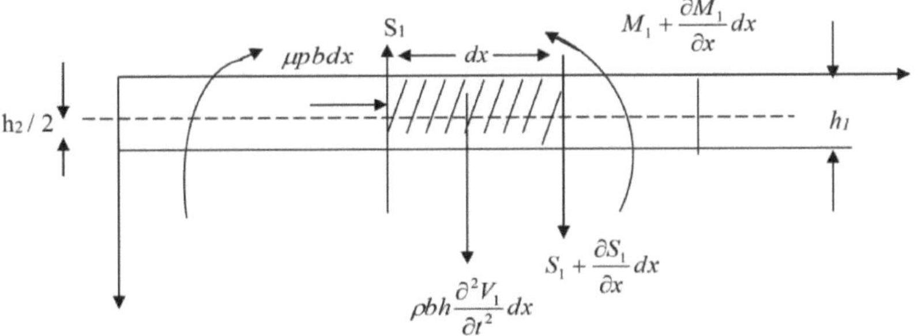

Fig 3.3. Diagrama de corpo livre pós-deslizamento para o laminado superior

$$\rho bh_1 \frac{\partial^2 v_1}{\partial t^2} + E_1 I_1 \ (\frac{\partial^4 v_1}{dx^4}) - \frac{\mu bh_2}{2}\frac{dp}{dx} = 0. \qquad\qquad \textbf{3.3}$$

A partir das figuras (1) - (3), o laminado superior pode, portanto, ser expresso como:

$$\frac{\partial^4 v_2}{\partial t^4} + \frac{\mu b h_2}{E_2 I_2} \frac{\partial^2 v_2}{\partial t^2} - \frac{\mu b h_2}{2 E_2 I_2} \frac{dp}{dx} = 0.$$

$$Let \quad \alpha_1 = \frac{\mu b h_1}{E_1 I_1} \quad \alpha_2 = \frac{\mu b h_2}{E_2 I_2}$$

$$\beta_1 = \frac{\mu b h_1}{E_1 I_1}, \quad \beta_2 = \frac{\mu b h_2}{2 E_2 I_2}$$

Além disso, o laminado inferior também pode ser expresso como:

$$\frac{\partial^4 v_1}{\partial t^4} + \frac{\mu b h_1}{E_1 I_1} \frac{\partial^2 v_1}{\partial t^2} - \frac{\mu b h_1}{2 E_1 I_1} \frac{dp}{dx} = 0.$$

$$\frac{\partial^4 v_1}{\partial x^4} + \alpha_1 \frac{\partial^5 v_1}{\partial t^2} - \beta_1 \frac{dp}{dx} = 0.$$

3.4

$$\frac{\partial^4 v_2}{\partial t^4} + \alpha_2 \frac{\partial^2 v_2}{\partial t^2} - \beta_2 \frac{dp}{dx} = 0$$

Para que o amortecimento do deslizamento tenha lugar, os dois laminados devem manter o seu contacto físico ao longo da interface para permanecerem como uma única estrutura, ou seja, $V_1 = V_2 = V$.

Assim, temos

$$\frac{\partial^4 v}{\partial x^4} + \alpha_1 \frac{\partial^2 v_1}{\partial t^2} - \beta_1 \frac{dp}{dx} = 0$$

3.5

$$\frac{\partial^4 v}{\partial t^4} + \alpha_2 \frac{\partial^2 v}{\partial t^2} - \beta_2 \frac{dp}{dx} = 0$$

Ao somar tudo isto, temos

$$2 \frac{\partial^4 v}{\partial x^4} + (\alpha_1 + \alpha_2) \frac{\partial^2 v}{\partial t^2} - (\beta_1 + \beta_2) \frac{dp}{dx} = 0$$

3.6

$$\frac{\partial^4 v}{\partial t^4} + \left(\frac{\alpha_1 + \alpha_2}{2} \right) \frac{\partial^2 v}{\partial t^2} - \frac{(\beta_1 + \beta_2)}{2} \frac{dp}{dx} = 0$$

Caso 1: Quando os materiais para as lamelas superior e inferior são os mesmos

Então, $E_1 = E = E_2$

$P_1 = P_2 = P$

Além disso, se o laminado tiver a mesma espessura.

Depois

$$h_1 = h_2 = h$$
$$\alpha_1 = \alpha_2 = \alpha$$
$$\beta_1 = \beta_2 = \beta$$

Então temos

$$\frac{\partial^4 v}{\partial x^4} + \alpha \frac{\partial^2 v}{dt^2} - \beta \frac{dp}{dx} = 0 \qquad\qquad \textbf{3.7}$$

Caso 1(a) quando a vibração é independente do tempo

$$\frac{\partial^4 v}{dx^4} - \beta \frac{dp}{dx} = 0 \qquad\qquad \textbf{3.8}$$

Invocando a transformada senoidal finita de Fourier para a equação 3.7, temos

$$\frac{n^4 \pi^4}{L^4} F_s [V(x)] - \frac{n^3 \pi^3 v}{L^3} (V(0) + (-1)^{n+1} - V(L)$$

$$+ \frac{n\pi}{L} (V_{xn}(0) + (-1)^{n+1} V_{xx}(L) = \beta F_s [\frac{dp}{dx}] \qquad\qquad \textbf{3.9}$$

Para a condição de fronteira do cantilever.

$$v = 0 \; at \; x = 0 \quad \Rightarrow v(0)$$

Por conseguinte,

$$\frac{\partial^2 v}{\partial x^2} = 0 \; at \; x = L; \;\; v_{xn}(L) = 0 \qquad\qquad \textbf{3.10}$$

Assim, temos

$$\frac{n^4 \pi^4}{L^4} V^F \left(\frac{n\pi}{L}\right) - \frac{n^3 \pi^3}{L^3} (0 + (-1)^{n+1} - V(L) + \frac{n\pi}{L}\left(V_{xn}(0) + (-1)^{n+1}(0)\right) = \beta F_s \left(\frac{\partial p}{\partial x}\right) \qquad \textbf{3.11}$$

$$\frac{n^4 \pi^4}{L^4} V^F \left(\frac{n\pi}{L}\right) - \frac{n^3 \pi^3}{L^3} (-1)^{n+1} V(L) + \frac{n\pi}{L} V_{xn}(0) = \beta F_s \left(\frac{\partial p}{\partial x}\right) \qquad \textbf{3.12}$$

Caso 1a.(i). Para uma variação linear da pressão

$$P_{(x)} = P_o + (P_L P_o)\,\frac{x}{L}$$

or

$$P_{(x)} = P_o + \left(\frac{P_L P_o}{P_o}\right)\frac{x}{L}$$

$$P_{(x)} = P_o + P_o\,\sigma\,\frac{x}{L}$$

$$P_{(x)} = P_o\left(1 + \sigma\,\frac{x}{L}\right)$$

$$\frac{dp}{dx} = \frac{P_o\,\sigma}{L}\,.1$$

$$F_s\left(\frac{\partial p}{\partial x}\right) = \frac{P_o\,\sigma}{L}\,.1^F = \frac{P_o\,\sigma}{L}\int_0^L Sin\,\frac{n\pi}{L} = \frac{\beta P\sigma}{n\pi}\left(1+(-1)^{n+1}\right)$$

i.e.

$$\frac{n^4\pi^4}{L^4}\,V^F\left(\frac{n\pi}{L}\right) - \frac{n^3\pi^3}{L^3}\,(-1)^{n+1}\,V(L) + \frac{n\,\pi}{L}\,V_{nx}(0) = \beta\,\frac{p\sigma}{n\pi}\left(1+(-1)^{n+1}\right) \qquad \textbf{3.12}$$

Da condição final de Goodman e Klumpp

$$V_{xx}(0) = \left(\frac{6F}{Ebh^3} - \frac{6\mu P_0}{Eh^2}\sigma \right) L \qquad 3.13$$

So

$$\frac{n^4\pi^4}{L^4} V^F\left(\frac{n\pi}{L}\right) - \frac{n^3\pi^3}{L^3}(-1)^{n+1}V(L) + \frac{6F}{L}\left(\frac{6\mu P_0}{Ebh^3} - \frac{6\mu P_0\sigma}{Ebh^2} \right)L = \frac{\beta P\sigma}{n\pi}\left(1 + (-1)^{n+1} \right) \qquad 3.14$$

$$V^F\left(\frac{n\pi}{L}\right) = \frac{\dfrac{n^3\pi^3}{L^3}}{\dfrac{n^4\pi^4}{L^4}}(-1)^{n+1}V(L) - \frac{\dfrac{n\pi}{L}}{\dfrac{n^4\pi^4}{L^4}}\left(\frac{6F}{L}\left(\frac{6\mu P_0}{Ebh^3} - \frac{6\mu P_0\sigma}{Eh^2}L \right)L \right) = \frac{\dfrac{\beta P\sigma}{n\pi}}{\dfrac{n^4\pi^4}{L^4}}\left(1 + (-1)^{n+1} \right)$$

$$3.15$$

$$V^F\left(\frac{n\pi}{L}\right) = \frac{nt}{n\pi}(-1)^{n+1}V(L) - \frac{L^3}{n^3\pi^3}\left(\frac{6F}{Ebh^2}\left(\frac{6\mu P_0}{Eh^2} - \frac{6\mu P_0\sigma}{Eh^2} \right) + \frac{\beta\rho\sigma L^4}{n^5\pi^5}\left(1 + (-1)^{n+1} \right) \right) \qquad 3.16$$

Invocando a Transformada Inversa de Fourier, temos

$$V_{(x)} = 2V(L)\sum_{n=1}^{\infty}\frac{(-1)^{n+1}}{n\pi}\sin\frac{n\pi x}{L} - 2L^3\left(\frac{6F}{Ebh^3} - \frac{6\mu P_0}{Eh^2} - \frac{6\mu P_0\sigma}{Eh^2} \right)\sum_{n=1}^{\infty}\frac{1}{n^3\pi^3}\sin\frac{n\pi x}{L}$$

$$3.17$$

$$+ \frac{1}{16}\beta P_0\sigma L^3\sum_{n=1}^{\infty}\frac{1}{n^5\pi^5}\sin\frac{2n\pi x}{L}$$

No entanto,

$$\beta = \frac{\mu bh}{2EI} = \frac{\mu bh}{2E\left(\dfrac{bh^3}{12} \right)} = \frac{6\mu}{Eh^2} \qquad 3.18$$

Por conseguinte,

$$V_{(x)} = 2V(L)\sum_{n=1}^{\infty}\frac{(-1)^{n+1}}{n\pi}\,Sin\,\frac{n\pi x}{L} - 2L^3\left(\frac{6F}{Ebh^3} - \frac{6\mu P_0}{Eh^2} - \frac{6\mu P_0\sigma}{Eh^2} \right)\sum_{n=1}^{\infty}\frac{1}{n^3\pi^3}\sin\frac{n\pi x}{L}$$

$$3.19$$

$$+ \frac{3}{8}\frac{\mu P_0\delta L^3}{Eh^2}\sum_{n=1}^{\infty}\frac{1}{n^5\pi^5}\sin\frac{2n\pi x}{L}$$

Entretanto, a partir da série de Fourier

$$\sum_{n=1}^{\infty}\frac{Sin\,nx}{n^3}=\frac{\pi^2 x}{6}-\frac{\pi x^2}{4}+\frac{\pi x^3}{12}\quad \forall\,(0\leq x\geq 2\pi)$$

$$\sum_{n=1}^{\infty}\frac{Sin\,nx}{n^5}=\frac{\pi^4 x}{90}-\frac{\pi^3 x^2}{36}+\frac{\pi x^4}{48}\,\frac{\pi x^5}{240}\quad \forall\,(0\leq x\geq 2\pi)$$

$$\frac{2L}{x}\sum_{n=1}^{\infty}\frac{(-1)^{n+1}}{n}\,Sin\,nx=x\quad \forall\,(-L\leq x\leq\,\geq 2\pi)$$

Então,

$$x=\frac{1}{\pi}\sum_{n=1}^{\infty}(-1)^{n+1}Sin\,\,n\pi x$$

$$\frac{\pi^2\overline{x}}{6}-\frac{\pi\overline{x}^2}{4}+\frac{\pi\overline{x}^3}{12}=\frac{1}{\pi^5}\sum_{n=1}^{\infty}\sin\frac{n\pi\overline{x}}{L}$$

$$\frac{\overline{x}}{45}-\frac{2\overline{x}^3}{9}+\frac{2\overline{x}^4}{3}\,\frac{2\overline{x}^5}{15}=\frac{1}{\pi^5}\sum_{n=1}^{\infty}\frac{1}{n^5}\sin\frac{2n\pi\overline{x}}{L}$$

3.20

Substituindo a Eq. 3.20 na Eq. 3.19

$$V(\overline{x})=2V(L)\,\overline{x}-2L^3\left(\frac{6F}{Ebh^3}-\left(\frac{6\mu P_0}{Eh^2}-\frac{6\mu P_0\sigma}{Eh^2}\right)\right)\left(\frac{\overline{x}}{6}-\frac{\overline{x}^2}{4}-\frac{\overline{x}^3}{12}\right)+\frac{3}{8}\frac{6\mu P_0 t}{Eh^2}L^3\left(\frac{\overline{x}}{45}-\frac{2\overline{x}^3}{9}+\frac{\overline{x}^4}{3}-\frac{2\overline{x}^5}{15}\right)$$

3.21

$$V_{(\overline{x})}=2V(L)\,\overline{x}-2L^3\left(\frac{6F}{Ebh^3}-\left(\frac{6\mu P_0}{Eh^2}-\frac{6\mu P_0\sigma}{Eh^2}\right)\right)\left(\frac{\overline{x}}{6}-\frac{\overline{x}^2}{4}-\frac{\overline{x}^3}{12}\right)+\frac{3}{8}\frac{6\mu P_0 t}{Eh^2}L^3\left(\frac{\overline{x}}{45}-\frac{2\overline{x}^3}{9}+\frac{\overline{x}^4}{3}-\frac{2\overline{x}^5}{15}\right)$$

3.22

$$\frac{\partial V}{\partial x}=2V(L)-2L^3\left(\frac{6F}{Ebh^3}-\left(\frac{6\mu P_0}{Eh^2}-\frac{6\mu P_0\sigma}{Eh^2}\right)\right)\left(\frac{1}{6}-\frac{\overline{x}}{2}+\frac{\overline{x}^3}{4}\right)+\frac{3}{8}\frac{6\mu P_0 t}{Eh^2}L^3\left(\frac{1}{45}-\frac{2\overline{x}^2}{3}+\frac{\overline{x}^3}{3}-\frac{2\overline{x}^4}{3}\right)$$

3.23

Impor a condição de fronteira, $\dfrac{\partial v}{\partial x}(L)=0$

Temos

$$0 = 2V(L) - \frac{L^3}{3}\left(\frac{6F}{Ebh^3} - \left(\frac{6\mu P_0}{Eh^2} - \frac{6\mu P_0 \sigma}{Eh^2}\right) + \frac{6\mu P_0 \sigma L^3}{120Eh^2}\right) \qquad 3.24$$

$$V(L) = \frac{L^3}{6}\left(\frac{6F}{Ebh^3} - \left(\frac{6\mu P_0}{Eh^2} - \frac{6\mu P_0 \sigma}{Eh^2}\right) - \frac{\mu P_0 \sigma L^3}{240}\right) \qquad 3.25$$

$$V(L) = \frac{L^3}{Eh^2}\left(\frac{F}{bh} - \mu P - \mu P_0 \sigma L^3 - \frac{\mu P_0 \sigma}{1440}\right) \qquad 3.26$$

$$V(L) = \frac{L^3}{Eh^2}\left(\frac{F}{bh} - \mu P_0\left(1 - \sigma - \frac{\sigma}{1440}\right)\right)$$

$$V(L) = \frac{L^3}{Eh^2}\left(\frac{F}{bh} - \mu P_0\left(\frac{1440 - 1441\sigma}{1440}\right)\right)$$

$$V(L) = \frac{L^3}{Eh^2}\left(\frac{F}{bh} - \mu P_0\left(1 - \frac{1441\sigma}{1440}\right)\right) \qquad 3.27$$

Assim, temos

$$V(x) = \frac{2L^3}{Eh^2}\left[\frac{F}{bh} - \mu P_0\left(1 - \frac{1441\sigma}{1440}\right)\right]\sum_{n=1}^{\infty}\frac{(-1)^{n+1}}{n\pi}\sin\frac{n\pi x}{L} - \frac{2L^3}{Eh^2}\frac{F}{bh} - \mu P_0(1 - 241\delta)\sum_{n=1}^{\infty}\frac{1}{n^3 h^3}\sin\frac{n\pi x}{L}$$

$$+ \frac{3}{8}\frac{\mu P_0 L^3}{Eh^2}\sum_{n=1}^{\infty}\frac{1}{n^5 h^5}\sin\frac{n\pi x}{L} \qquad 3.28$$

$$V(x) = \frac{2L^3}{Eh^2}\left[\frac{F}{bh} - \mu P_0\left(1 - \frac{1441\sigma}{1440}\right)\right]\sum_{n=1}^{\infty}\frac{(-1)^{n+1}}{n\pi}\sin\frac{n\pi x}{L}$$

$$-\frac{12L^3}{Eh^2}\left[\frac{F}{bh} - \mu P_0(1-\sigma)\sum_{n=1}^{\infty}\frac{1}{n^3\pi^3}\sin\frac{n\pi x}{L} + \frac{3}{16}L^3\mu P\sum_{n=1}^{\infty}\frac{1}{n^5\pi^5}\sin\frac{2n\pi x}{L}\right]$$

3.29

Para o caso de materiais diferentes

$$V(x) = \frac{2L^3}{Eh^2 + E_2 h_2^2}\left\{\left[\frac{F}{b(h_1 + h_2)} - \mu P_0\left(1 - \frac{1441\sigma}{1440}\right)\right]\sum_{n=1}^{\infty}\frac{(-1)^{n+1}}{n\pi}\sin\frac{n\pi x}{L} - \ldots\ldots\right\}$$

$$-6\left[\frac{F}{b(h_1 + h_2)} - \mu P_0(1-\sigma)\sum_{n=1}^{\infty}\frac{1}{n^3\pi^3}\sin\frac{n\pi x}{L} + \frac{3}{16}\mu P_0\sum_{n=1}^{\infty}\frac{1}{n^5\pi^5}\sin\frac{n\pi x}{L}\right]$$

3.30

Caso 2: Para vibrações variantes no tempo

$$\frac{\partial^4 v}{\partial x^4} + \alpha\frac{\partial^2 v}{dt^2} - \beta\frac{dp}{dx} = 0$$
$$\frac{\partial^4 v}{\partial x^4} + \alpha\frac{\partial^2 v}{dt^2} - \beta\frac{dp}{dx} = 0$$

3.31

Invocação da transformada de Laplace,

$$\frac{\partial^4 \bar{v}}{\partial x^4} + \alpha\left[s^2\bar{v} - sv(0) - v'(0) - \beta\frac{\partial \bar{p}}{\partial x} = 0\right]$$

3.32

Recorde-se que,

$$P(x) = P_o\left(1 + \frac{\sigma x}{L}\right)$$
$$\frac{dP}{dx} = \frac{P_o\,\sigma}{L} \;\to\; \frac{d\bar{P}}{dx} = \frac{P_o\,\sigma}{sL}$$

3.33

Então,

34

$$\frac{\partial^4 \bar{v}}{\partial x^4} + \alpha\left[s^2\bar{v} - sv(0) - v'(0) - \beta\frac{P_0\sigma}{SL} = 0 \right] \qquad \textbf{3.34}$$

But $\dfrac{\partial^4 V(0)}{\partial x^4} = 0$

Portanto,

$$\frac{\partial^4 \bar{v}}{dx^4} + \alpha(s^2\bar{v} - sv(0) - \alpha v'(0)) = \beta\frac{\overline{P_o}\sigma}{SL} \qquad \textbf{3.35}$$

No entanto, invocando a transformada senoidal finita de Fourier

$$\left[\frac{n\pi^4}{L^4}\overline{V}(x,s) - \frac{n^3\pi^3}{L^3}\left(\overline{V}(0,s)\right) + (-1)^{n+1}\overline{V}(L,s) + \frac{n\pi}{L}\left(\overline{V_{xx}}(0,s) + (-1)^{n+1}\overline{V_{xx}}(L,s) + \alpha s^2\overline{V}(x,s)\right) \right]$$

$$= \beta\frac{P_0\sigma}{s}\left[1 + (-1)^{n+1} \right]$$

$$\textbf{3.36}$$

Assumindo a condição inicial zero da condição de fronteira

$$\left(\overline{V_{xx}}(0,s)\right) = \frac{\partial}{\partial x}\overline{V}_{xx}(0,s) = \frac{\partial\overline{V}(L,s)}{\partial x^2} = 0$$

Por conseguinte, a Eq. 3.36 reduz-se a

$$\left[\frac{n^4\pi^4}{L^4}\overline{V}(x,s) - \frac{n^3\pi^3}{L^3}\left((-1)^{n+1}\overline{V}(L,s)\right) + \frac{n\pi}{L}\left(\overline{V_{xx}}(0,s)\right) \right] + \alpha s^2\overline{V}(x,s) = \frac{\beta}{s}P_0\sigma\left(1 + (-1)^{n+1}\right) \quad \textbf{3.37}$$

$$\frac{n^4\pi^4}{L^4}\overline{V}(L_n,s) + \alpha s^2\overline{V}(\lambda_n,s) = \frac{\beta P_0\sigma}{sn\pi}\left[1 + (-1)^{n+1} \right] + (1+cs)\left[\frac{n^3\pi^3}{L^3}(-1)^{n+1}\overline{V}(L,s) - \frac{n\pi}{L}\overline{V_{xx}}(0,s) \right]$$

$$\textbf{3.38}$$

Aplicando novamente a condição final de Goodman e Klumpp

$$\bar{V}_{xx}(0,s) = \frac{6L}{Eh^2}\left[\frac{\tilde{F}(s)}{bh} - \frac{\mu P_0 \sigma}{S}(1-\sigma)\right] \qquad\qquad \textbf{3.39}$$

No entanto, F deve ser especificado para determinar completamente $\overline{V}_{xx}(0,s)$

$$\therefore Let\ f = F_o\,e^{iwt} \qquad\text{(Harmonic Function)} \qquad\qquad \textbf{3.40}$$

<u>Invocação da transformada de Laplace</u>

$$\tilde{F}(s) = \frac{F_o}{s-iw} \qquad\qquad \textbf{3.41}$$

Isto faz com que a Eq. 3.39 se torne

$$\bar{V}_{xx}(0,s) = \frac{6L}{Eh^2}\left[\frac{\tilde{F}(s)}{b(s-iw)} - \frac{\mu P_0}{S}(1-\sigma)\right] \qquad\qquad \textbf{3.42}$$

Então,

$$\frac{n^4\pi^4}{L^4}\bar{V}(\lambda_n,s) + \alpha s^2\bar{V} = \frac{\beta P_o\sigma}{n\pi s}[1+(-1)^{n+1}] + \left(\frac{n^3\pi^3}{L^3}(-1)^{n+1}\bar{V}(L,s)\right) - \frac{6n\pi}{Eh^2}\left(\frac{F_n}{b(s-iw)} - \frac{\mu P_o(1-\sigma)}{s}\right)$$

$$\textbf{3.43}$$

$$\alpha(s^2+w^2)\bar{V}(\lambda_n,s) = \frac{\beta P_o\sigma}{n\pi s}[1+(-1)^{n+1}] + \frac{n^3\pi^3}{L^3}(-1)^{n+1}\bar{V}(L,s) - \frac{6n\pi}{Eh^2}\left(\frac{F_n}{b(s-iw)} - \frac{\mu P_o(1-\sigma)}{s}\right)$$

$$\textbf{3.44}$$

onde

$$w = \frac{n^4\pi^4}{\alpha L^4}$$

$$\therefore$$

$$\alpha w^2\bar{V}(L_n,s) + \alpha s^2\,\bar{\pi}(\lambda_n,s) = \frac{\beta P_o\sigma}{n\pi s}[1+(-1)^{n+1}] + \frac{n^3\pi^3}{L^3}(-1)^{n+1}\bar{V}(L,S) - \frac{6n\pi}{Eh^2}\left(\frac{F_n}{b(s-iw)} - \frac{\mu P_o(1-\sigma)}{s}\right)$$

$$\textbf{3.45}$$

$$\alpha(s^2+w^2)\overline{V}(\lambda_n,s) = \frac{\beta P_o\sigma}{n\pi s}[1+(-1)^{n+1}] + \frac{n^3\pi^3}{L^3}(-1)^{n+1}\pi(L,s) - \frac{6n\pi}{Eh^2}\left(\frac{F_n}{b(s-iw)} - \frac{\mu P_o(1-\sigma)}{s}\right)$$

3.46

$$\alpha w^2\overline{V}(L_n,s) + \alpha s^2\,\overline{V}(\lambda_n,s) = \frac{\beta P_o\sigma}{sn\pi}[1+(-1)^{n+1}] + \frac{n^3\pi^3}{L^3}(-1)^{n+1}\overline{V}(L,s) - \frac{6n\pi}{Eh^2}\left(\frac{F_n}{b(s-iw)} - \frac{\mu P_o(1-\sigma)}{s}\right)$$

3.47

$$\alpha(s^2+w^2)\,\overline{V}(\lambda_n,s) = \frac{\beta P_o\sigma}{sn\pi}[1+(-1)^{n+1}] + \frac{n^3\pi^3}{L^3}(-1)^{n+1}\overline{V}(L,s) - \frac{6n\pi}{Eh^2}\left(\frac{F_n}{b(s-iw)} - \frac{\mu P_o(1-\sigma)}{s}\right)$$

3.48

$$\overline{V}(\lambda_n,s) = \left\{\frac{\beta P_o\sigma}{s}[1+(-1)^{n+1}] + \frac{n^3\pi^3}{L^3}(-1)^{n+1}\overline{V}(L,s) - \frac{6n\pi}{Eh^2}\left(\frac{F_0}{b(s-iw)} - \frac{\mu P_o(1-\delta)}{s}\right)\right\}\Big/\alpha\!\left(s^2+w^2\right)$$

3.49

$$\overline{V}(\lambda_n,s) = \left\{\frac{\beta P_o\sigma}{s}[1+(-1)^{n+1}] + \frac{n^3\pi^3}{L^3}(-1)^{n+1}\overline{V}(L,s) - \frac{6n\pi}{Eh^2}\left(\frac{F_0}{b(s-iw)} - \frac{\mu P_o(1-\delta)}{s}\right)\right\}\Big/\alpha\!\left(s^2+w^2\right)$$

3.50

Invocação da inversão de Fourier

$$\overline{V}(x,s) = \frac{\left\{2\overline{V}(L,s)\sum_{n=1}^{\infty}(-1)^{n+1}\dfrac{Sin\,n\pi\bar{x}}{n\pi} + \dfrac{2\beta P_o\sigma}{32}\sum_{n=1}^{\infty}\dfrac{Sin\,n\pi\bar{x}}{n^5\pi^5} - \dfrac{12L^3}{Eh^2}\left(\dfrac{F_0}{bh(s-iw)} - \dfrac{\mu P_o}{s}(1-\sigma)\right)\sum_{n=1}^{\infty}\dfrac{Sin\,n\pi\bar{x}}{n^3\pi^3}\right\}}{\alpha[(s+i\omega)][(s-i\omega)]\dfrac{n^4\pi^4}{L^4}}$$

3.51

To find $\overline{V}(L,s)$, we invoke the Fourier series,

$$\overline{x} = \frac{1}{\pi} \sum_{n=1}^{\infty} \frac{(-1)^{n+1}}{n} \, Sin \, n\pi\overline{x} \qquad\qquad \forall \quad 0 < \overline{x} < 1,$$

$$\frac{\pi^2 \overline{x}}{6} - \frac{\pi \overline{x}^2}{4} + \frac{\overline{x}^3}{12} = \sum_{n=1}^{\infty} \frac{(-1)^{n+1}}{n} \, \frac{Sin \, n\pi\overline{x}}{n^5} \qquad\qquad \forall \quad 0 < \overline{x} < 2,$$

$$\frac{\pi^2 \overline{x}}{90} - \frac{\pi \overline{x}^2}{36} + \frac{\overline{x}^3}{48} - \frac{\overline{x}^5}{240} = \sum_{n=1}^{\infty} \frac{Sin \, n\pi\overline{x}}{n^5} \qquad\qquad \forall \quad 0 < \overline{x} < 2.$$

3.52

Então,

$$\overline{V}(\overline{x}_n,s) = \frac{\left\{ 2\,\overline{x}\,\overline{V}(L,s) - \left(\frac{3}{8} \frac{\mu P_o}{Eh^2} L^3 \frac{\overline{x}}{45} - \frac{2\overline{x}^3}{9} + \frac{\overline{x}^4}{3} \frac{2\overline{x}^5}{15} \right) - \frac{12L^3}{Eh^2} \left(\frac{F_o}{bh(S-iw)} - \frac{\mu P_o}{s}(1-\sigma) \right) \left(\frac{\overline{x}}{6} - \frac{\overline{x}^2}{4} + \frac{\overline{x}^3}{12} \right) \right\}}{\alpha[(s^2+\omega^2)\frac{L^4}{n^4\pi^4}}$$

3.53

$$\frac{\partial \overline{V}(\overline{x},s)}{\partial x} = \frac{\left\{ 2\overline{V} - \frac{3}{8} \frac{\mu P_o \sigma L^3}{Eh^2} \left(\frac{1}{45} - \frac{2\overline{x}^2}{3} + \frac{4\overline{x}^3}{3} - \frac{2\overline{x}^4}{3} \right) - \frac{12L^3}{Eh^2} \left(\frac{F_o}{bh(s-iw)} - \frac{\mu P_o}{s}(1-\sigma) \right) \left(\frac{1}{6} - \frac{\overline{x}}{2} + \frac{\overline{x}^2}{4} \right) \right\}}{\alpha[(s^2+\omega^2)\frac{L^4}{n^4\pi^4}}$$

3.54

$$\frac{d\overline{V}(0,s)}{dx} = \frac{\left\{ 2\overline{V}(L,s) - \frac{1}{120} \frac{\mu P_o \sigma L^3}{Eh^2} - \frac{2L^3}{Eh^2} \left(\frac{F_o}{bh(s-iw)} - \frac{\mu P_o}{s}(1-\sigma) \right) \right\}}{\alpha\left[(s^2+\omega^2)\frac{L^4}{n^4\pi^4} \right]} = 0$$

3.55

$$\overline{V}(L,s) = \frac{\frac{2L^3}{Eh^2} \left(\frac{F_o}{bh(s-iw)} - \frac{\mu P_o}{s}(1-\sigma) - \frac{\mu P_o}{240} \right)}{2}$$

3.56

$$\ddot{V}(L,S) = \frac{\frac{2L^3}{Eh^2} \left(\frac{F_o}{bh(s-iw)} - \mu P_o \left(1-\sigma-\frac{\sigma}{240} \right) \right)}{2}$$

3.57

38

$$\overline{V}(L,s) = \left\{ \left(\frac{2L^3}{Eh^2}\left(\frac{F_o}{bh(s-iw)} - \mu P_o\left(1-\sigma-\frac{241\sigma}{240}\right) \right) \right) \right\} \qquad \textbf{3.58}$$

Então,

$$\overline{V}(x,s) = \frac{\left\{ \begin{array}{l} \dfrac{2L^3}{Eh^2}\left[\dfrac{F_o}{bh(s-iw)} - \mu P\left(1-\dfrac{1441\sigma}{1440}\right) \right]\sum\limits_{n=1}^{\infty}(-1)^{n+1}\dfrac{\sin n\pi \overline{x}}{n\pi} + \dfrac{3}{16}\dfrac{\mu P_o\sigma L^3}{Eh^2}\sum\limits_{n=1}^{\infty}\dfrac{\sin n\pi \overline{x}}{n^5\pi^5} \\[3ex] -\dfrac{12L^3}{Eh^2}\left(\dfrac{F_o}{bh(s-iw)} - \dfrac{\mu P_o(1-\sigma)}{s} \right)\sum\limits_{n=1}^{\infty}(-1)^{n+1}\dfrac{\sin n\pi \overline{x}}{n\pi} \end{array} \right\}}{\alpha\left[(s^2+\omega^2)\dfrac{L^4}{n^4\pi^4} \right]}$$

$$\textbf{3.59}$$

ou seja

$$\overline{V}(x,s) = \frac{\left\{ \begin{array}{l} \dfrac{2L^3}{Eh^2}\left[\dfrac{F_o}{bh}\left(\dfrac{1}{s-i\omega}\right) - (\omega^2-i\omega)\dfrac{1}{\omega^2}\left(\dfrac{1}{s^2+\omega^2}\right) - \mu P\left(1-\dfrac{1441\sigma}{1440}\right)\operatorname{Sin}\omega t \right]\sum\limits_{n=1}^{\infty}(-1)^{n+1}\dfrac{\sin n\pi \overline{x}}{n\pi} \\[3ex] +\dfrac{3}{16}\dfrac{\mu P_o\sigma L^3}{Eh^2}\operatorname{Sin}\omega t\sum\limits_{n=1}^{\infty}\dfrac{\sin n\pi \overline{x}}{n^5\pi^5} - \dfrac{12L^3}{Eh^2}\left(\dfrac{F_o}{bh}\left(\dfrac{1}{s-i\omega}\right) - (\omega^2-i\omega)\dfrac{1}{\omega^2}\left(\dfrac{1}{s^2+\omega^2}\right) - \dfrac{\mu P_o(1-\sigma)}{s} \right) \\[3ex] \operatorname{Sin}\omega t\sum\limits_{n=1}^{\infty}(-1)^{n+1}\dfrac{\sin n\pi \overline{x}}{n\pi} \end{array} \right\}}{\alpha\dfrac{n^4\pi^4}{L^4}}$$

$$\textbf{3.60}$$

$$\overline{V}(x,s) = \frac{\left\{ \begin{array}{l} \dfrac{2L^3}{Eh^2}\left[\dfrac{F_o}{bh}e^{i\omega t} - (\omega^2-i\omega)\dfrac{1}{\omega^2}\operatorname{Sin}\omega t - \mu P\left(1-\dfrac{1441\sigma}{1440}\right)\operatorname{Sin}\omega t \right]\sum\limits_{n=1}^{\infty}(-1)^{n+1}\dfrac{\sin n\pi \overline{x}}{n\pi} \\[3ex] +\dfrac{3}{16}\dfrac{\mu P_o\sigma L^3}{Eh^2}\operatorname{Sin}\omega t\sum\limits_{n=1}^{\infty}\dfrac{\sin n\pi \overline{x}}{n^5\pi^5} - \dfrac{12L^3}{Eh^2}\left(\dfrac{F_o}{bh}\left(e^{i\omega t} - (\omega^2-i\omega)\dfrac{1}{\omega^2}\operatorname{Sin}\omega t - \dfrac{\mu P_o(1-\sigma)}{s}\right) \right) \\[3ex] \operatorname{Sin}\omega t\sum\limits_{n=1}^{\infty}(-1)^{n+1}\dfrac{\sin n\pi \overline{x}}{n\pi} \end{array} \right\}}{\alpha\dfrac{n^4\pi^4}{L^4}}$$

$$\textbf{3.61}$$

Capítulo 4

Resultados e discussão

4.1 Resultados

O capítulo quatro destaca os vários resultados obtidos a partir dos modelos simulados resolvidos no capítulo três anterior.

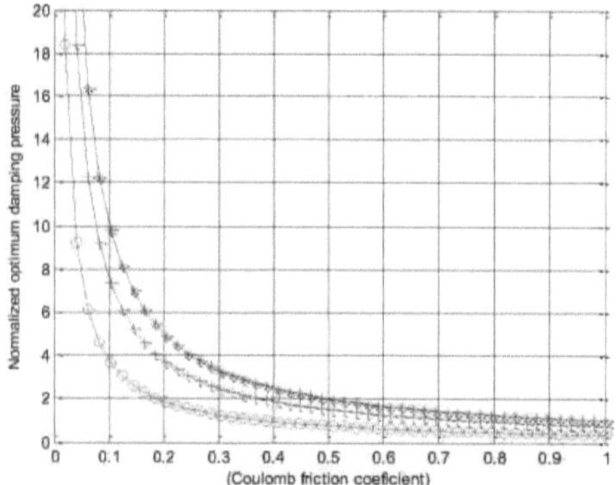

Fig. 1. Efeitos da pressão de amortecimento normalizada óptima com coeficiente de atrito variável

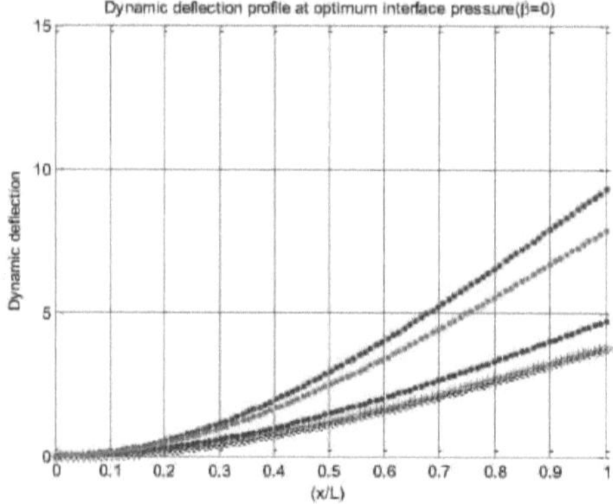

Fig. 2. Efeitos do amortecimento do deslizamento c na deflexão dinâmica da viga com diferentes valores de β

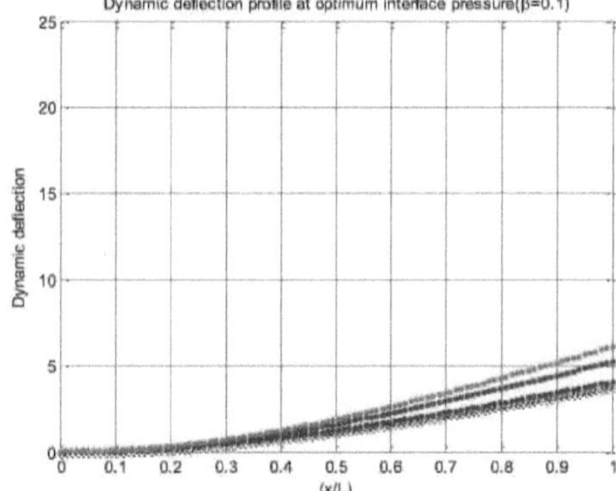

Fig. 3. Efeitos do amortecimento do deslizamento ε na deflexão dinâmica da viga com diferentes valores de β

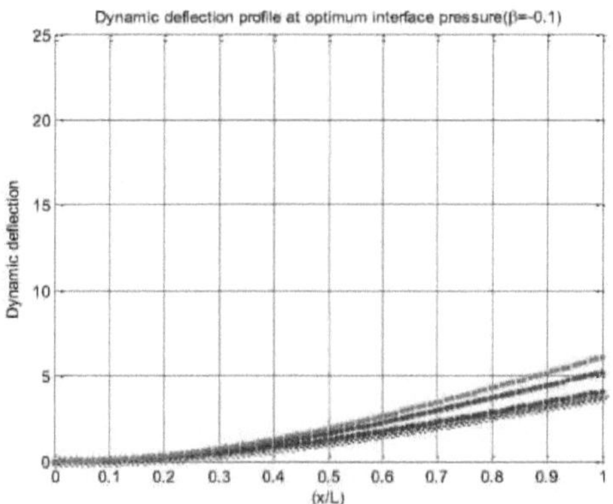

Fig. 4. Efeitos do amortecimento do deslizamento ε na deflexão dinâmica da viga com diferentes valores de β

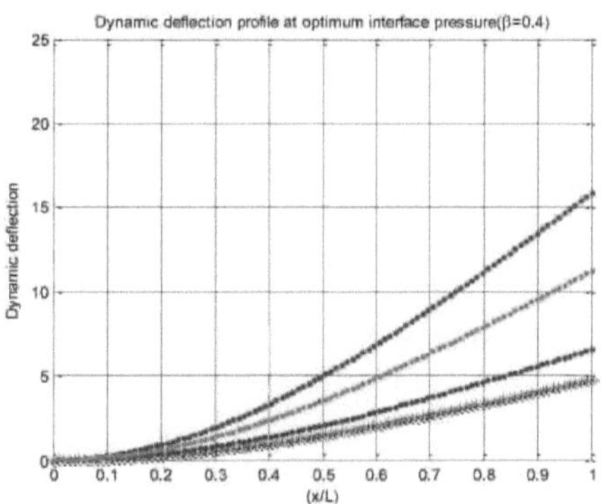

Fig. 5. Efeitos do amortecimento do deslizamento ε na deflexão dinâmica da viga com diferentes valores de β

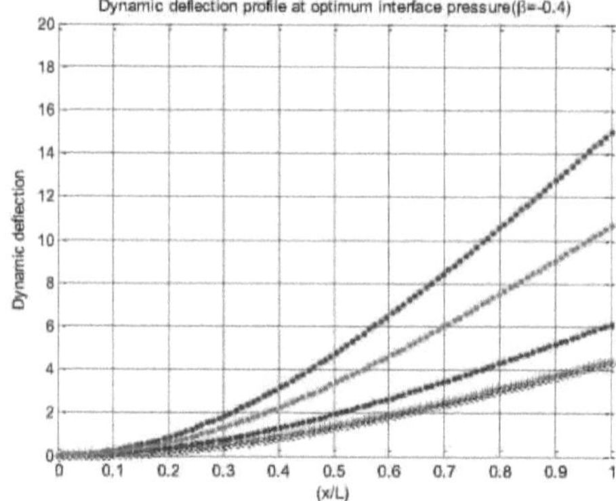

Fig. 6. Efeitos do amortecimento do deslizamento ε na deflexão dinâmica da viga com diferentes valores de β

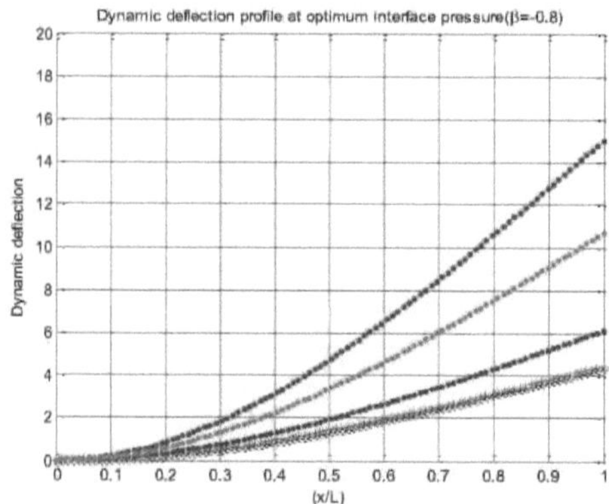

Fig. 7. Efeitos do amortecimento do deslizamento ε na deflexão dinâmica da viga com diferentes valores de β

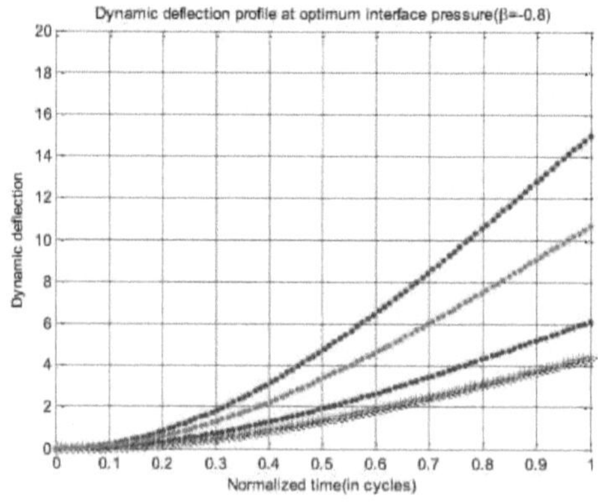

Fig. 8. Efeitos do amortecimento do deslizamento ε na deflexão dinâmica da viga com diferentes valores de β

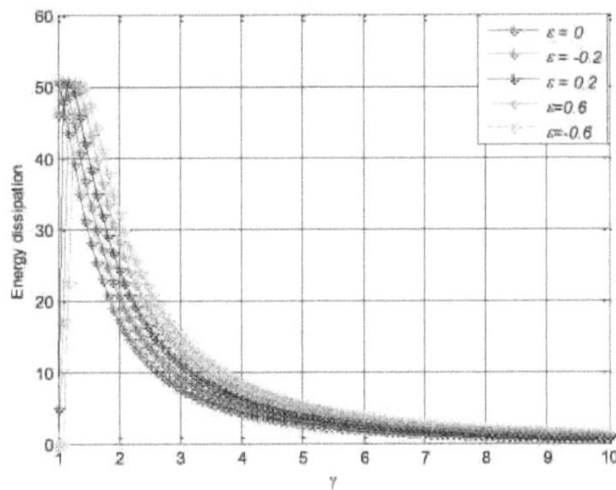

Fig. 9. Efeitos do deslizamento na dissipação de energia

4.2 Discussão

A Fig. 1 mostra os efeitos do coeficiente de atrito de coulomb no coeficiente de amortecimento ótimo normalizado para ausência de deformação, ausência de deslizamento e dissipação máxima de energia, respetivamente. A figura mostra que a pressão de interface correspondente para a dissipação máxima de energia é sempre inferior ao que é necessário para verificar a ausência de deslizamento na interface das vigas. Isto mostra que o valor é inferior ao valor da pressão de interface que garante que toda a estrutura não sofre deformação transversal. Com base numa distribuição variável de pressões, é também demonstrado neste estudo que as caraterísticas da distribuição de pressões podem também influenciar a quantidade de energia dissipada.

As Fig. 2-8 mostram os efeitos do amortecimento do escorregamento ($\in$ = -0.6, -0.2, 0.2, 0.6) na deflexão dinâmica da viga para diferentes valores de β = 0, 0.1, -0.1, 0.4, -0.4, 0.8 e -0.8, respetivamente. As figuras mostram que a deformação da viga e o correspondente escorregamento na interface são comparativamente inferiores ao que se obtém para uma pressão uniforme na interface quando a inclinação, c > 0. No entanto, situam-se acima da curva de pressão uniforme na interface quando $\in$ < 0. Em todos os casos considerados, pode afirmar-se que, independentemente do valor de $\in$, a deformação global do escorregamento cresce continuamente.

A Fig. 9 mostra os efeitos do escorregamento na dissipação de energia. A dissipação de energia varia com o valor de $\in$ com os menores valores associados a valores positivos de $\in$ e os maiores valores ocorrendo para valores negativos de $\in$.

Capítulo 5

Conclusão e recomendação

Neste trabalho, foi analisado um mecanismo para dissipar vibrações ou ruídos indesejados utilizando um elemento estrutural em camadas. A partir do trabalho, é demonstrado que, para alcançar um nível eficiente de dissipação de energia, podem ser aplicadas as seguintes abordagens: i. Utilizando materiais diferentes para os laminados superior e inferior de uma forma prescrita ou ii. Mantendo o mesmo material para ambos os laminados, mas variando os rácios individuais das espessuras dos laminados de uma forma definida.

Por conseguinte, para uma dissipação máxima de energia, recomenda-se a utilização de laminados de materiais diferentes e de espessuras diferentes. Além disso, para uma dissipação de energia eficaz, é preferível jogar simultaneamente com a escolha dos materiais laminados e com as suas proporções de espessura do que mexer em qualquer um deles isoladamente. As vantagens das estruturas compósitas para dissipar a energia de vibração através do amortecimento de deslizamento, especialmente em estruturas aerodinâmicas onde o efeito do peso do membro estrutural é significativo. Por conseguinte, estes resultados podem ser aplicados na conceção de estruturas aerodinâmicas e de máquinas.

Referências

1. Alam, N., andAsnani , N. T., 1984, "Vibration andDampingAnalysisof Multilayered Retangular Plates with Constrained Viscoelastic Layers", *Journal of Sound and Vibration,* 97(4): 597-614.

2. Arafa, M., e Baz, A., 2000, "Dynamics of Active Piezoelectric Damping Composites", *Composites: Parte B,* 31: 255-264.

3. Viscoelastic Sandwich Beams", *ASME Journal of Vibration and Acoustics,* 122, pp. 434-439.

93, Baz, A., 1993, "Active Constrained Layer Damping", *Actas da Conferência DAMPING',* São Francisco. CA.

4. Bailey, T., e Hubbard, J., 1985, "Distributed Piezo-electric Polymer Active Vibration Control of a Cantilever Beam", *Journal of Guidance and Control,* 8: 606611.

5. Bendsoe, M., 1989, "Optimal Shape Design as a Material Distribution Problem", *Structural Optimization,* 1: 193-202.

6. Bendsoe, M. P., Diaz, A. R., e Kikuchi, N., 1993, "Topology and Generalized Layout Optimization of Elastic Structures", In Bendsoe, M. P., Mota Soares, C. A., editores: Topology Design of Structures, 159-205. NATO ASI Series, Kluwer, Dordrecht.

7. Bendsoe, M. e Kikuchi, N., 1988, "Generating Optimal Topologies in Structural Design using a Homogenization Method", *Computer Methods in Applied Mechanics & Engineering,* 71: 197-224.

8. Bendsoe, M. e Sigmund, O., 1999, "Material Interpolation Schemes in Topology Optimization", *Archives of Applied Mechanics,* 69: 635-654.

9. Benjeddou, A., 2001, "Advances in Hybrid Active-Passive Vibration and Noise Control via Piezoelectric and Viscoelastic Constrained Layer Treatments", *Journal of Vibration and Control,* 7(4): 565-602.

10. Bensoussan, A., Lions, J. L., e Papanicolaou, G., 1978, *Asymptotic Analysis of Periodic Structures,* North-Holland, Amesterdão.

11. Chen, Q., e Chan, Y. W., 2000, "Integral Finite Element Method for Dynamical Analysis of Elastic-Viscoelastic Composite Structures", *Computers and Structures,* 74: 51-64.

12. Chen, Q., e Levy, C., 1996, "Vibration Characteristics of Partially Covered Double-Sandwich Cantilever Beam", *AIAA Journal,* 34(12): 2622-2626.

13. Chen, T. Y., e Shieh, C. C., 2000, "Fuzzy Multi-Objective Topology Optimization", *Computers*

and Structures, 78: 459-466.

14.   Chen, T. Y., e Wu, S. C., 1998, "Multi-Objective Optimal Topology Design of Structures", *Computational Mechanics,* 21: 483-492.

15.   Cho, K., Han, J., e Lee, I., 2000, "Vibration and Damping Analysis ofLaminated Plates with Fully and Partially Covered Damping Layers", *Journal of Reinforced Plastics and Composites,* 19(15): 1176-2000.

16.   Christensen, R. M., 1982, *Theory of Viscoelasticity: An Introduction,* 2ª edição. Academic Press, Nova Iorque.

17.   Crawley, E., e De Luis, J., 1987, "Use ofPiezoelectric Actuators as Elements in IntelligentStructures", *AIAA Journal,* 25: 1373-1385.

18.   Cupial, P., e Niziol, J., 1995, "Vibration and Damping Analysis of a Three-layered Composite Plate with Viscoelastic Mid-Layers", *Journal of Sound and Vibration,* 183(1): 99-114.

19.   Dewa, H., Okada, Y., eNagai, B., 1991, "Damping Characteristics of Flexural Vibration for Partially Covered Beams with Constrained Viscoelastic Layers", *JSME International Journal, Series III,* 34(2): 210-217.

20.   Diaz, A. R., e Kikuchi, N., 1992, "Solutions to Shape and Topology Eigenvalue Optimization Problems Using a Homogenization Method". Preprint, Department of Mechanical Engineering, Michigan State University, East Lansing, MI.

21.   DiTaranto, R. A., 1965, "Theory of Vibratory Bending for Elastic and Viscoelastic Layered Finite Length Beams", *ASME Journal of Applied Mechanics,* 32: 881-886.

22.   DiTaranto, R. A., e Blasingame, W., 1965, "Composite Loss Factors OfSelected Laminated Beams", *Journal of the Acoustical Society of America,* 40(1): 187-194.

23.   Dubbleday, P. S., 1986, "Constrained-Layer Model Investigation Based on Exact Elasticity Theory", *Journal of the Acoustical Society of America,* 80(4): 1097-1102.

24.   Gea, H. C., 1996, "Topology Optimization" A New Microstructure-Based Design DomainMethod", *Computers and Structure,* 61(5): 781-788.

25.   Guedes, J. M., and Kikuchi, N., 1990, "Pre-, and Post Processing for Materials based on the Homogenization Method with Adaptive Finite Element Methods", *Computer Methods in Applied Mechanics and Engineering,* 83: 143-198.

26.   Hassani, B. e Hinton, E., 1998, *Homogenization and Structural Topology Optimization: Theory, Practice, and Software,* Springer, Londres.

27.   Hassani, B. e Hinton, E., 1998, "A Review of Homogenization and Topology Optimization. I-Homogenization Theory for Media with Periodic Structures", *Computers and Structures,* 69: 707-717.

28.   Hassani, B. e Hinton, E., 1998, "A Review of Homogenization and Topology Optimization II - Analytical and Numerical Solution of Homogenization Equations", *Computers and Structures,* 69: 719-738.

29.   Hassani, B. e Hinton, E., 1998, "A Review of Homogenization and Topology Optimization. III-Topology Optimization Using Optimality Criteria", *Computers and Structure,* 69: 739-756.

30.   Johnson, C. D., e Kienholz, D. A., 1982, "Finite Element Prediction of Damping in Structures with Constrained Viscoelastic Layers", *AIAA Journal,* 20(9): 12841290.

31.   Kerwin, E. M., 1959, "Damping of Flexural Waves by a Constrained Viscoelastic Layer", *Journal of the Acoustical Society of America,* 32(7): 952-962.

32.   Labed, N. e Turbe, N., 1998, "Computation of Homogenized Coefficients for a Viscoelastic Composite Reinforced with Spherical Inclusions", *J. of Composite Materials,* 32(14): 1297-1310.

33.   Lall, A. K., Asnani, N. T., e Nakra, B. C., 1987, "Vibration and Damping Analysis OfRectangular Plate with Partially Covered Constrained Viscoelastic Layer", *ASME Journal of Vibration, Acoustics, Stress, and Reliability in Design,* 109: 241-247.

34.   Lall, A. K., Asnani, N. T., e Nakra, B. C., 1998, "Damping Analysis OfPartially Covered Sandwich Beams", *Journal of Sound and Vibration,* 123(2): 247-259.

35.   Lam, M. J., Inman, D. J., e Saunders, W. R., 1997, "Vibration Control Through Passive Constrained Layer Damping and Active Control", *Journal of Intelligent Material Systems and Structures, Vol.* 8(8): 663-677.

36.   Liao, W. H., e Wang, K. W., 1996, "A New Active Constrained Layer Configuration with Enhanced Boundary Actions", *Smart Materials and Structures,* 5: 638-648.

37.   Liu, Y., e Wang, K. W., 2000, "Active-Passive Hybrid Constrained Layer for Structural Damping Augmentation", *Journal of Vibration and Acoustics,* 122(3): 54- 62.

38.   Lu,   Y. P., Bai, J. M., e Sun,   C. T., 1998, "   VibrationDampingof Laminated Composite Structural Elements", *Key Engineering Materials,* 141-143, Parte 2: 623650.

39.   Ma, Z. D., Kikuchi, N., Cheng, H. C., e Hagiwara, I., 1992, "Topology and Shape Optimization Technique for Structural Dynamic Problems", *Recent Advances in Structural Mechanics, ASME.* PVP-Vol. 248/NE-Vol. 10

40.   Ma, Z. D., Kikuchi, N., Cheng, H. C., e Hagiwara, I., 1995, "Topological Design for Vibrating Structures", *Computer Methods in Applied Mechanics and Engineering,* 121: 259-280.

41.   Marcelin, Ph. Trompette, e Smati, A., 1992, "Optimal Constrained Layer Damping with Partial Coverage", *Finite Elements in Analysis and Design,* 12:273280.

42.   Mead, D. J., e Markus, S., 1969, "The Forced Vibration of a Three-Layered Damped Sandwich Beam with Arbitrary Boundary Conditions*", Journal of Sound and Vibration,* 10(2): 163-175.

43.   Meirovitch, L., 1986, *Elements of Vibration Analysis,* McGraw-Hill, Inc.

44.   Min, S., Nishiwaki, S., e Kikuchi, N., 2000, "Unified Topology Design of Static and Vibrating Structures Using Multiobjective Optimization", *Computers and Structures,* 75: 93-116.

45.   Mlejnik, H. e Schirrmacher, R., 1993, "An Engineering Approach to Optimal Material Distribution and Shape Finding", *Computer Methods in Applied Mechanical Engineering,* 106: 1-26.

46.   Nakra, B. C., 1998, "Vibration Control in Machines and Structures Using Viscoelastic Damping", *Journal of Sound and Vibration,* 211(3): 449-465.

47.   Nashif, A., Jones, D., e Henderson, J., 1985, *Vibration Damping,* J. Wiley & Sons, Inc., Nova Iorque.

48.   Neves, M., Rodrigues, H., e Guedes, J., 2000, "Optimal Design of Periodic Linear Elastic Microstructures", *Computers & Structures,* 76: 421-429.

49.   Nishiwaki, S., Silva, E. N., Li, Y., e Kikuchi, N., 1999, "Structural Optimization Considering Flexibility (Structural Design of Actuators Using Piezoceramics)", *Transactions of JSME,* Series C, 42(4): 1068-1077.

50.   Nokes, D. S., e Nelson, F. C, 1968, "Constrained Layer Damping with Partial Coverage", *Shock and Vibration Bulletin,* 38(3): 5-12.

51.   Oum J. S., e Kikuchi, N., 1996, "Optimal Design of Controlled Structures", *Structural Optimization,* 11: 19-28.

52.   Ou, J. S., Kikuchi, N., 1996, "Integrated Optimal Structural and Vibration Control

53.   Design", *Structural Optimization,* 12: 209-216.

54.   Plunkett, R., e Lee, C. T., 1970, "Length Optimization of Constrained Viscoelastic Layer Damping*", Journal of the Acoustical Society of America,* 48(1), Part 2: 150161.

55.   Raville, M. E., e Ueng, E. S., 1967, "Determination ofNatural Frequencies of Vibration ofSandwich Plate", *Experimental Mechanics,* 7(1): 490-493.

56. Richards, R., 1993, "Finite Element Analysis of Vibration and Damping of Laminated Composites", *Composite Structures,* 24: 193-204.

57. Ro, J., e Baz, A., 2002, "Optimum Placement and Control of Active Constrained Layer Damping Using the Modal Strain Energy Approach", *Journal of Vibration and Control,* 8(6): 861-876.

58. Roy, P. K., e Ganesan, N., 1996, "Dynamic Studies on Beams with Unconstrained Layer Damping Treatment", *Journal of Sound and Vibration*, 195(3): 417-427.

59. Sanchez-Palencia, E., 1980, *Non-Homogeneous Media and Vibration Theory,* Lecture Notes in Physics, 127, Springer, Berlin.

60. Shen, I. Y., 1994, "Hybrid Damping Through Intelligent Constrained Layer Treatments", *Journal of Vibration and Acoustics,* 116: 341-349.

61. Shields, W. H., 1997, "Active Control of Plates Using Compressional Constrained Layer Damping", *Tese de Doutoramento,* The Catholic University of America.

62. Sigmund, O., 1994, "Materials with Prescribed Constitutive Parameters: an Inverse Homogenization Approach", *Int. J. of Solids & Structures,* 31(17): 2313-2329.

63. Sigmund, O., 1995, "Tailoring Materials with Prescribed Elastic Properties", *Mechanics of Materials,* 20: 351-368.

64. Silva,   E. N., Fonseca, J. S. O., e Kikuchi,   N., 1997, "Optimal   Design   of PiezoelectricMicrostructures", *Computational Mechanics,* 19: 397-410.

65. Silva, E. N., e Kikuchi, N., 1999, "Design of Piezoelectric Transducers Using Topology Optimization", *Smart Materials and Structures,* 8: 350-364.

66. Silva, E. N., Nishiwaki, S., Fonseca, J. S. O., e Kikuchi, N., 1999, "Optimization Methods Applied to Material and Flextensional Actuator Design Using the Homogenization Method", *Computer Methods in Applied Mechanics and Engineering,* 172: 241-271.

67. Sun, C. T., e Lu, Y. P., 1995, *Vibration Damping of Structural Elements,* Prentice Hall, Upper Saddle River.

68. Svanberg, K., 1987, "The Method of Moving Asymptotes - A New Method for Structural Optimization", *Int. J. for Numerical Methods in Engineering,* 24: 359373.

69. Telega, J., 1990, "Piezoelectricity and Homogenization: Application to Biomechanics", In Maugin, G. A., editor: Continuum Models and Discrete Systems. No. 2, Longman, Londres, 220-230.

70. Torvik, P. J., e Strickland, D. Z., 1972, "Damping Additions for Plates Using Constrained

Viscoelastic Layers", *Journal of the Acoustical Society of America,* 51(3), Part 2, 985-991.

71.   Ungar, E. E., 1962, "Loss Fator of Visco-elastically Damped Beam Structures", *Journal of the Acoustical Society of America,* 34(8): 1082-1089.

72.   Ungar, E. E., e Kerwin, E. M., 1964, "Plate Damping due to Thickness Deformations in attached Viscoelastic Layers", *Journal of the Acoustical Society of America,* 36(2): 386-392.

73.   Wang, G., Veeramani, S., e Wereley, N., 2000, "Analysis of Sandwich Plates with isotropic Face Plates and a Viscoelastic Core", *ASME Journal of Vibration and Acoustics,* 122: 305-312.

74.   Yang, R. J., e Chuang, C. H., 1994, "Optimal Topology Design Using Linear Programming", *Computers and Structures,* 52(2): 265-275.

75.   Yi, Y., Park, S., e Youn, S., 1998, "Asymptotic Homogenization of Viscoelastic Composites with Periodic Microstructures", *Int. J. of Solids & Structures,* 35(17): 2039-2055.

76.   Yi, Y., Park, S., e Youn, S., 2000, "Design of Microstructures of Viscoelastic Composites for Optimal Damping Characteristics", *Int. J. of Solids & Structures,* 37: 4791-4810.

77.   Damisa, O., Olunloyo, V.O.S., Osheku, C.A. e Oyediran, A.A., "Análise estática do amortecimento de escorregamento com vigas laminadas fixas". European Journal of Scientific Research, ISSN 1450-216X, Vol. 17, No. 4, pp. 455-476, 2007.

78.   Olunloyo, V.O.S., Damisa, O., Osheku, C.A. e Oyediran, A.A., "Resultados adicionais sobre a análise estática do amortecimento do deslizamento com vigas laminadas fixas." European Journal of Scientific Research, ISSN 1450-216X, Vol. 17, No. 4, pp. 491-508, 2007.

79.   Damisa, O., Olunloyo, V.0.S., Osheku, C.A. e Oyediran, A.A., "Dynamic analysis of slip damping in clamped layered beams with Non-Uniform pressure distribution at the interface," Journal of Sound and Vibration, Vol. 309, pp. 349374, 2008.

80.   Gould, H.H., e Mikic, B.B., "Areas of contact and pressure distribution in bolted joints. Transactions of ASME," Journal of Engineering for Industry, pp. 864-870, 1972.

81.   Ziada, H.H. e Abd, A.K., "Load pressure distribution and contact areas in bolted joints". Inst. of Engineers (India), Vol. 61, pp. 93-100, 1980.

82.   Nanda, B.K., e Behera, A.K., "Study on damping in layered andjointed structures with uniform pressure distribution at the interfaces." Journal of Sound and Vibration, Vol. 226, No. 4, pp. 607-624, 1999.

83.   Goodman, L.E. e Klumpp, J.H., "Analysis of slip damping with reference to turbine blade vibration." Journal of Applied Mechanics, Vol. 23, pp. 421, 1956.

84. Masuko, M., Ito, Y. e Yoshida, K., "Análise teórica do rácio de amortecimento de uma viga cantilever articulada". Bulletin of JSME, Vol. 16, pp. 1421-1432, 1973.

85. Nishiwaki, N., Masuko, M., Ito, Y. e Okumura, I., "A study on damping capacity of ajointed cantilever beam (1st Report; Experimental Results)". Bulletin of JSME, Vol. 21,pp. 524-531, 1978.

86. Nishiwaki, N., Masuko, M., Ito, Y. e Okumura, I., "A study on damping capacity of a jointed cantilever beam (2nd Report; comparison between theoretical and experimental results).'"Bulletin of JSME, Vol. 23, pp. 469-475, 1980.

87. Motosh, M., "Stress distribution in joints of bolted or riveted connections" (Distribuição de tensões em juntas de ligações aparafusadas ou rebitadas). Transacções da ASME". Journal of Engineering for Industry, 1975.

88. Shin, Y.S., Inverson, J.C. e Kim, K.S., "Experimental studies on damping characteristics of bolted joints for plates and shells". Trans ASME, J. Pressure Vessel Technology, Vol. 113, pp. 402-408, 1991.

89. Song, S., Park, C., Moran, K.P. e Lee, S., "Contact area Ofboltedjoints interface; Analytical, finite element modeling, and experimental study." ASME, EEP, Vol. 3, pp. 73-81, 1992.

90. Nanda, B.K., "Study of damping in structural members under controlled dynamic slip" Tese de Doutoramento, Universidade de Sambalpur, 1992.

91. Nanda, B.K., "Study of the effect of bolt diameter and washer on damping in layered and jointed structures," Journal of Sound and Vibration, Vol. 290, pp. 1290-1314, 2006. Transactions of the Canadian Society for Mechanical Engineering, Vol. 34, No. 2, 2010.

92. Nanda, B.K., e Behera, A.K., "Damping in layered and jointed structures," International Journal of Acoustics and Vibration, Vol. 5, No. 2, pp. 89-95, 2000.

93. Nanda, B.K., and Behera, A.K., "Improvement of damping capacity of structured members using layered construction," Seventh International Congress on Sound and Vibration, Garmisch-Partenkirchen, Germany, pp. 3059-3066, 2000.

94. Osheku, C.A., "Application of beam theory to machine, aero and hydro-dynamic structures in pressurized environment" Tese de doutoramento Universidade de Lagos, 2005.

95. Hansen, S.W. e Spies, R., "Structural damping in laminated beams due to interfacial slip". Journal of Sound and Vibration, Vol. 204, pp. 183-202, 1997.

96. Lee, S. J., Reddy, J. N., e Rostam-Abadi, F., 2004, "Transient analysis of laminated composite plates with embedded smart-material layers". *Finite Element Anal. Des,* 40, pp. 463-483.

97.   Robaldo, A., Carrera, E. e Benjeddou, A., 2006, "A unified formulation for finite element analysis of piezoelectric adaptive plates", *Comput. Struct.,* 84,1494-1505

98.   Ballhaus, D., DOttavio, M., Kroplin, B., e Carrera, E., 2005, "A unified formulation to assess multi-layered theories for piezoelectric plates", *Comput. Struct.,* 83,pp.1217-1235.

99.   Roy, S., Yu, W., e Han, D., 2007, *"*An asymptotically corret classical model for smart beams", *International Journal of Solids and Structures,* 44(25-26), pp. 84248439.

100. Kapuria, S., e Alam, N., 2006, "Efficient Iayerwise finite element model for dynamic analysis of laminated piezoelectric beams", *Comput. Methods Appl. Mech. Engg.,* 195, 2742-2760.

101. Garg, A. C., 1988, "Delamination-A Damage Mode in Composite Structures," Eng. Fract. Mech., **29**, pp. 557-584.

102. Tay, T. E., 2003, "Characterization and Analysis of Delamination Fracture in Composites: An Overview of Developments From 1990 to 2001," Appl. Mech. Rev., **56**, pp. 1-31.

103. Zou, Y., Tong, L., e Steven, G. B., 2000, "Vibration-Based Model-Dependent Damage Delamination_ Identification and Health Monitoring for Composite Structures-A Review," J. Sound Vib., **230**, pp. 357-378.

104. Salawu, O. S., 1997, "Detection of Structural Damage Through Changes in Frequency: A Review", Eng. Struct., **19**, pp. 718-723.

105. Doebling, S.   W., Farrar, C. R., Prime, M. B., e Shevitz,   D. W., 1995,   "Damage Identification and Health Monitoring of Structural and Mechanical Systems from Changes in their Vibration Characteristics: A Literature Review," Los Alamos National Laboratory Report LA-13070-MS, Los Alamos, NM.

106. Doebling, S. W., Farrar, C. R., e Prime, M. B., 1998, "A Summary Review of Vibration-based Damage Identification Methods", Shock Vib. Dig., **30**, pp. 91-105.

107. Sohn, H., Farrar, C. R., Hemez, F. M., Shunk, D. D., Stinemates, D. W., e Nadler, B. R., 2003, "A Review of Structural Health Monitoring Literature: 1996-2001," Los Alamos National Laboratory Report LA-13976-MS, Los Alamo, NM.

108. Kapania, R. K., e Raciti, S., 1989, "Recent Advances in Analysis of Laminated Beams and Plates, Part I. Shear Effects and Buckling," AIAA J., **27**, pp. 923-934.

109. Kapania, R. K., e Raciti, S., 1989, "Recent Advances in Analysis of Laminated Beams and Plates, Part II. Vibrations and Wave Propagation," AIAA J., **27**, pp. 935946.

110. Noor, A. K., e Burton, W. S., 1989, "Assessment of Shear Deformation Theories for Multi-

layered Composite Plates," Appl. Mech. Rev., **42**, pp 1-13.

111. Noor, A. K., e Burton, W. S., 1990, "Assessment of Computational Models For Multi-layered Composite Shells", Appl. Mech. Rev., **43**, pp. 67-97.

112. Reddy, J. N., e Robbins, D. H., 1994, "Theories and Computational Models for Composite Laminates: Parte 1," Appl. Mech. Rev., **47**, pp. 147-169.

113. Reddy, J. N., 2004, *Mechanics of Laminated Composite Plates and Shells: Theory and Analysis*, 2ª ed., CRC Press, Boca Raton, FL.

114. Ghugal, Y. M., e Shimpi, R. P., 2002, "A Review of Refined Shear Deformation Theories of Isotropie and Anisotropic Laminated Plates," J. Reinforced Plastic. Comp., **21**, pp. 775-813.

115. Carrera, E., 2003, "Historical Review of Zig-Zag Theories for Multi-layered Plates and Shells," Appl. Mech. Rev., **56**, pp. 287-308.

116. Mujumdar, P. M., e Suryanarayana, S., 1987, "A Review of the Studies on the Stiffness Controlled Behaviour of Composite Laminates with Delaminations: Part I-Vibration," *Actas do Simpósio sobre Delaminações em Compósitos*, Instituto Indiano de Ciência, Bangalore, pp. 188-218.

117. Ramkumar, R. L., Kulkarni, S. V., e Pipes, R. B., 1979, "Free Vibration Frequencies of a Delaminated Beam," *34th Annual Technical Conference Proceedings*, Reinforced/Composite Institute, Society ofPlastics Industry, Section

yes **I want** morebooks!

Buy your books fast and straightforward online - at one of world's fastest growing online book stores! Environmentally sound due to Print-on-Demand technologies.

Buy your books online at
www.morebooks.shop

Compre os seus livros mais rápido e diretamente na internet, em uma das livrarias on-line com o maior crescimento no mundo! Produção que protege o meio ambiente através das tecnologias de impressão sob demanda.

Compre os seus livros on-line em
www.morebooks.shop